中国古建筑营造技术丛书

古建筑 CAD 制图简明教程

董 峥 主编

中国建材工业出版社

图书在版编目(CIP)数据

古建筑 CAD 制图简明教程/董峥主编. —北京：中
国建材工业出版社，2016.4（2024.10重印）

（中国古建筑营造技术丛书）

ISBN 978-7-5160-1360-1

Ⅰ. ①古… Ⅱ. ①董… Ⅲ. ①古建筑-建筑制图-
AutoCAD 软件-教材 Ⅳ. ①TU204-39

中国版本图书馆 CIP 数据核字（2016）第 025606 号

内 容 简 介

CAD 软件在当今建筑工程领域普遍应用，但古建筑领域却少有专门的 CAD 技
法教程。本书以古建筑企业绘图岗位的工作需要为依托，按照岗位对 CAD 绘图的
具体要求设置编写目录框架，详细介绍 CAD 软件在古建筑绘图过程中的实际操作。

本书为 CAD 软件的基础教程，通过对本书的学习，没有 CAD 软件操作基础的
学员，能够独立绘制、提交古建筑 CAD 图纸，达到古建筑企业对绘图岗位的工作
要求。

本书适用于教学、岗前培训、在职专业技术指导等。

本书提供图纸初始文件，读者可在本社官网课件专区免费下载使用。

古建筑 CAD 制图简明教程

董 峥 主编

出版发行：**中国建材工业出版社**

地　　址：北京市西城区白纸坊东街 2 号院 6 号楼

邮　　编：100054

经　　销：全国各地新华书店

印　　刷：北京雁林吉兆印刷有限公司

开　　本：787mm×1092mm　1/16

印　　张：11

字　　数：270 千字

版　　次：2016 年 4 月第 1 版

印　　次：2024 年 10 月第 5 次

定　　价：**56.80 元**

本社网址：www.jccbs.com.cn　　公众微信号：zgjcgycbs

本书如出现印装质量问题，由我社事业发展中心负责调换，联系电话：(010) 63567692

序 一

中国古建筑，以其悠久的历史、独特的结构体系、精湛的工艺技术、优美的造型和深厚的文化内涵，独树一帜，在世界建筑史上，写下了光辉灿烂的不朽篇章。

这一以木结构为主的结构体系适应性强，从南到北，从西到东都有适应的能力。其主要的特点是：

一、因地制宜，取材方便，形式多样。比如屋顶瓦的材料，就有烧制的青灰瓦、琉璃瓦，也有自然的片石瓦、茅草屋面、泥土瓦当屋面。俗话"一把泥巴一片瓦"就是"泥瓦匠"的形象描述。又如墙体的材料，也有土墙、石墙、砖墙、板壁墙、编竹夹泥墙等。这些材料在不同的地区、不同的民族、不同的建筑物上根据不同的情况分别加以使用。

二、施工速度快，维护起来也方便。以木结构为主的体系，古代工匠们创造了材、分、斗口等标准化的模式，制作加工方便，较之以砖石为主的欧洲建筑体系动辄数十年上百年才能完成一座大型建筑要快很多，维修保护也便利得多。

三、木结构体系最大的特点就是抗震性能强。俗话说"墙倒屋不塌"，木构架本身是一弹性结构，吸收震能强，许多木构古建筑因此历经多次强烈地震而保存下来。

这一结构体系的特色还很多，如室内空间可根据不同的需要而变化，屋顶排水通畅等。正是由于中国古建筑的突出特色和重大价值，它不仅在我国遗产中占了重要位置，在世界遗产中也占了重要地位。在目前国务院已公布的两千多处全国重点文物保护单位中，古建筑（包括宫殿、坛庙、陵墓、寺观、石窟寺、园林、城垣、村镇、民居等）占了三分之二以上。现已列入世界遗产名录的我国 33 处文化与自然遗产中，有长城、故宫、承德避暑山庄及周围寺庙、曲阜孔庙孔府孔林、武当山古建筑群、布达拉宫、苏州古典园林、颐和园、天坛、丽江古城、平遥古城、明清皇家陵寝明十三陵、清东西陵、明孝陵、显陵、沈阳福陵、昭陵、皖南古村落西递、宏村等，就连以纯自然遗产列入名录的四川黄龙、九寨沟也都有古建筑，古建筑占了中国文化与自然遗产的五分之四以上。由此可见古建筑在我国历史文化和自然遗产中之重要性。

然而，由于政治风云，改朝换代，战火硝烟和自然的侵袭破坏，许多重要的古建筑已经不存在，因此对现在保存下来的古建筑的保护维修和合理利用问题显得十分重要。

保护维修是古建筑保护与利用的重要手段，不维修好不仅难以保存，也不好利用。保护维修除了要遵循法律法规、理论原则之外，更重要的是实践与操作，这其中的关键又在于工艺技术实际操作的人才。

由于历史的原因，我国长期以来形成了"重文轻工"、"重士轻匠"的陋习，在历史上一些身怀高超技艺的工匠技师得不到应有的待遇和尊重，因此古建筑保护维修的专门技艺人才极为缺乏。为此中国营造学社的创始人朱启钤社长就曾为之努力，收集资料编辑了《哲匠录》一书，把凡在工艺上有一技之长，传一艺、显一技、立一言者，不论其为圣为凡，不论其为王侯将相或梓匠轮舆，一视同仁，平等对待，为他们立碑树传，都尊称为"哲匠"。梁思成先生在 20 世纪 30 年代编著《清式营造则例》的时候也曾拜老工匠为师，向他们请教，力图尊重和培养实际操作的技艺人才。这在今天来说，我觉得依然十分重要。

今天正处在国家改革开放，经济社会大发展，文化建设繁荣兴旺的大好形势之下，古建筑的保护与利用得到了高度的重视，保护维修的任务十分艰巨，其中至关重要的仍然还是专业技艺人才的缺乏或称之为断代。为了适应大好形势的需要，为保护维修、合理利用我国丰富珍贵的建筑文化遗产，传承和弘扬古建筑工艺技术，中国建材工业出版社的领导和一些专家学者、有识之士，特邀约了古建筑领域的专家学者同仁，特别是从事实际操作设计施工的能工技师"哲匠"们共同编写了《中国古建筑营造技术丛书》，即将陆续出版，闻之不胜之喜。我相信此丛书的出版必将为中国古建筑的保护维修、传承弘扬和专业技术人才的培养起到积极的作用。

编者知我从小学艺，60 多年来一直从事古建筑的学习与保护维修和调查研究工作，对中国古建筑营造技术尤为尊重和热爱，特嘱我为序。于是写了一点短语冗言，请教方家高明，并借以作为对此丛书出版之祝贺。至于丛书中丰富的内容和古建筑营造技术经验、心得、总结等，还请读者自己去阅览、参考和评说，在此不作赘述。

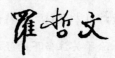

序二　古建筑与社会

　　梁思成作为"中国建筑历史的宗师"（李约瑟语），毕生致力于中国古代建筑的研究和保护。如果不是因为梁思成的坚决反对，现在的人们恐怕很难见到距今有 800 多年历史的北京北海团城，这里曾经的建筑以及发生过的故事也只能靠人们的想象而无法触摸了。

　　历史的记忆有多种传承方式，古建筑算得上是很直观的传承方式之一。古建筑不仅仅凝聚了先人们的设计思想、构造技术和材料使用等，古建筑还很好地传承了先人们的绘画、书法以及人文、美学等文化因素。对于古建筑的保护、修复，实则是对于人类社会历史的保护和传承。从这个角度而言，当年梁思成嘱咐他的学生罗哲文所言"文物、古建筑是全人类的财富，没有阶级性，没有国界，在变革中能把重点文物保护下来，功莫大焉"，当是对于保护古建筑之意义所做出的一个具有历史责任感的客观判断。正是因为这一点，二战时期盟军在轰炸日本之前，还特意将日本的重要文物古迹予以标注以免被炸毁坏。

　　除了关注当下的经济社会，人们对于自己祖先的历史和未来未知的前景总是具有浓厚的兴致，了解古建筑、触摸古建筑，是人们感知过去社会和历史的有效方式，而古建筑的营造与修复正是为了更好地传承人类历史和社会文化。对于社会延续和文化传承而言，任何等级的古建筑的作用和意义都是正向的，不分大小，没有轻重之别，因为它们对于繁荣人类文明、滋润社会道德等，具有普遍意义和作用。

　　罗哲文先生在为本社"中国古建筑营造技术丛书"撰写的序言中引用了"哲匠"一词，这个词实际上是对从事古建筑保护修复工作的专业技艺人才的恰当称谓。没有一代又一代技艺高超"哲匠"们的保护修复，后人就不可能看到流传千年的文物古迹。古建筑的营造与保护修复工作还是一项要求非常高的综合性工作，"哲匠"们不仅要懂得古建筑设计、构造、建造等，还要熟知各种修复材料，具备相关的物理化学知识，了解书法绘画等审美意识，掌握一定的现代技术手段，甚至于人文地理历史知识等也是需要具备的。古建筑的保护修复工作要求很高，周而复始，"哲匠"们要做好这项工作不仅要有漫长的适应过程，更得心怀一颗"平常心"，要经受得住外界的诱惑，耐得住性子忍受寂寞孤独。仅仅是因为这些，就应该为"哲匠"们树碑立传，我们应该大力倡导工匠精神。

　　古建筑贯通古今，通过古建筑的营造与保护修复工作，后人们可以更直接地与百年、千年之前的社会进行对话。社会历史通过古建筑得以部分再现，人类文化通过古建筑得以传承光大。人具有阶层性，社会具有唯一性，古建筑则是不因人的高低贵贱而具有共同的鉴赏性，因而是社会的、大众的。作为出版人，我们愿意以奉献更多、更好古建筑出版物的形式，为社会与文化的传承做出贡献。

中国建材工业出版社　社长、总编辑

2016 年 3 月

序　三

近年来，"古建筑保护"不时触碰公众的神经，受到了越来越广泛的社会关注。为推进城镇化进程中的古建筑保护与传承，国家给予了高度重视，如建立政府与社会组织之间的沟通、协调和合作机制，支持基层引进、培养人才，提供税收优惠政策支持，加大财政资金扶持力度等。尽管如此，人才匮乏、工艺失传、从业人员水平良莠不齐、古建工程质量难以保障……，古建行业仍面临着一系列困局，资质队伍相对匮乏与古建筑保护任务繁重的矛盾非常突出。在社会各界大力呼吁将"传承人"制度化、规范化的背景下，培养一批具备专业技能的建筑工匠、造就一批传承传统营造技艺的"大师"，已成为古建行业发展的客观需求与必然趋势。

我过去的工作单位——原北京房地产职工大学，现北京交通运输职业学院，早在1985年就创办了中国古建筑工程专业，培养了成百上千名古建筑专业人才。现在，这些学员分布在全国各地，成为各地古建筑研究、设计、施工、管理单位的骨干力量。我在担任学校建筑系主任期间，一直负责这个专业的教学管理和教学组织工作。根据行业需要，出版社几年前曾组织编写了几本中国古建筑营造技术丛书，获得了良好的口碑和市场反馈。当年计划出版的这套古建筑营造丛书，由于种种原因，迟迟未全部面世。随着时间的增长及发展古建行业的大背景的需要，加之中国建材工业出版社佟令玫副总编辑多次约我组织专业人才，进一步完善丰富《中国古建筑营造技术丛书》。为了弥补当年的遗憾，这次组织参与我校教学工作的各位专家充实了编写委员会，共同商议丛书的编写重点和体例规范，集中将各位专家在各门课程上多年积累的很有分量的讲稿进行整理，准备出版，我想不久的将来，一套比较完整的《中国古建筑营造技术丛书》，将公之于世。

值此丛书即将陆续出版之际，我代表丛书编委会，感谢所有成员和参与过丛书出版工作的所有人所付出的努力，感谢所有关注、关心古建筑营造技术传承的领导、同仁和朋友！古建筑保护与修复的任务是艰巨的，传统营造技艺传承的路途是漫长的，希望本套丛书的出版能为中国古建筑的保护修复、传承弘扬和专业技术人才培养起到积极的作用。

2016 年 2 月

前　　言

中国古建筑南北各异、博大精深，在世界建筑中更是独树一帜、影响深远。上世纪八十年代初，国家恢复建设古代建筑时，人才断档严重。1985年原北京市房管局职工大学率先在国内开设"中国古建筑工程"专业，以北方官式古建筑为蓝本，传授古建知识，培养专业人才。2010年合并成立北京交通运输职业学院后，古建专业在学院领导、校区领导的关心下蓬勃发展，成立建筑工程系，在高职和成人层次招生，继续为古建专业培养后续力量。

古建筑制图在古建筑设计、施工、造价等领域都是重要的基础技能。高职学院人才培养是以岗位能力为导向，依照典型工作任务制定教学项目。本书对应的岗位是古建筑设计、施工企业的制图员。典型工作任务是使用CAD软件绘制古建筑平、立、剖面图。所适应的人群是古建筑工程技术专业的学生、希望从事古建设计的人员以及喜爱中国传统建筑文化的CAD制图初学者。

本书定位"简明教程"，CAD软件学习可以从零起步，之前没有用过CAD软件的读者也可以达到学习目标。读者最好有一定的古建基础知识，了解古建构件名称、权衡尺寸等；还要有一定的建筑制图基础能力，了解制图基础点、线、面的关系，平、立、剖面图投影的关系等。所以开设本门课程的前导课程是"古建筑概论"和"建筑制图"两门课程。在掌握了CAD绘制古建筑图的基础上，可以进一步学习如何设计、测绘古建筑。所以本门课程的后续课程是"古建筑设计"和"古建筑测绘"。

书中第1章介绍了CAD制图基础，第2～5章设定了4个项目：古建单体平面图、古建单体正立面图、古建单体剖面图、图形输出，其中，第1～3章安排了绘图命令的练习。第6～8章参照各种古建筑的绘图实例，拓展学生的绘图能力。可用于高职古建筑工程技术专业的古建筑CAD制图课程，第1～5章开设一个学期不少于64课时的课程，第6～8章可单独开设整周实训，或者作为学生自学绘图的素材。

如果说混凝土的新建筑像西医的千人一方，那么中国古建筑就像传统中医一样，对症下药、一人一方。严格地说，中国古建筑按其地理位置、选材用料、施工工艺的不同，每一个建筑都是独特唯一的。设计图纸只按权衡尺寸计算进行绘图，在施工时会根据实际情况再做修改。因此，古建设计制图一定要尊重实际施工。

虽然我已经从北京市房地产职工大学毕业十多年了，但我在古建行业还只是一个小字辈，我的成长离不开各位老师和校友的帮助。在这里要特别感谢张胜琴老师，没有她的启蒙，我就无法进入到古建制图的专业领域。另外还要感谢孟志贤老师以及我的同学和校友朱进冉、靳影、张玉、俞光耀等。本人才疏学浅，书中不免有疏漏遗憾，敬请指正。书中所用CAD绘图方法也是最基础的，如有更好的方法还望不吝赐教，共同进步。

编者

2016年3月

目　　录

第 1 章　AutoCAD 概述

本章要点

本章的学习目标是初步认识 CAD 的绘图模式。本章包括绘图的基础知识，界面、坐标、鼠标操作、捕捉、选定等内容；绘图命令只介绍"直线命令"。通过本章后面的绘图练习，可以绘制出"斗拱坐斗示意图""各类屋面示意图""古建地面散水"等各种图形。有一定 AutoCAD 基础的读者，可以简单浏览此章，直接做本章后面的绘图练习。

1.1　AutoCAD 2014 基本认识

AutoCAD 软件是目前在计算机绘图领域较流行的、由美国 Autodesk 公司开发的计算机辅助设计软件。该软件广泛应用在建筑制图、机械制图、首饰设计制图等领域。中国古建筑工程的设计图、施工图等各类图纸也用此软件绘制。

以教学为目的的学生和教师用户，可以通过访问 Autodesk 公司在中国的官方网站http://www.autodesk.com.cn/，点击"登录"→"需要一个教育账户"注册教育账号，获得安装正版软件的序列号和产品密钥，如图 1-1 所示。

图 1-1　注册 Autodesk 教育账号

CAD 2014 版本是该软件较稳定的版本，安装后在桌面上会生成"AutoCAD 2014 — 简体中文"的红色图标。双击该图标进入 CAD 软件，会弹出 CAD 窗口界面，如图 1-2 所示。

1.1.1　认识软件界面

1. 顶端标题栏

顶端标题栏位于软件窗口最上方，正中间有正在编辑文件的名字。CAD 默认的文件名是 Drawing.dwg，图形文件扩展名为 DWG 文件。文件名称左侧是保存、打开、打印等工具按钮，右侧是搜索栏、最小化、关闭等按钮。

2. 新版工具栏

AutoCAD 整合了旧版本的菜单栏和工具栏，变成相对较大的新版工具栏，并将它们放在操作区的上面。使用时可以点击默认、插入、注释、布局等菜单，切换工具栏。

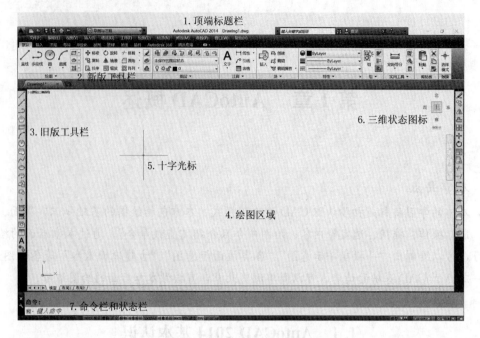

图 1-2　AutoCAD 2014 基本界面

3. 旧版工具栏

早期版本的 CAD 软件中工具栏是简单的长条形状，默认状态下有"绘图"和"修改"两个工具栏。"绘图"工具栏中有直线、弧线、圆、文字等命令，"修改"工具栏中有删除、复制、旋转等命令。

在新版或旧版工具栏中，把鼠标停留在命令上面，就可以出现这个命令的名称以及英文命令，进一步停留还会出现该命令的简单介绍，方便读者自学该工具。

4. 绘图区域

屏幕中间的黑色区域就是 CAD 的主要操作区域，所有的图形都在这里绘制。

5. 十字光标

轻轻移动鼠标，可以发现十字光标会跟随鼠标移动。可以将它想象成一支笔，绘图命令和修改命令都要靠十字光标点击对象实现操作。

6. 三维状态图标

三维状态中间的文字为绘制时的视角方向，例如：显示为"上"可理解为从"上"往下看，如果显示为"左"可理解为从"左"往右看。在使用二维绘图时，可以不设置三维图标。默认状态为正方向，即上北下南左西右东，视角方向为"上"，如图 1-2 所示。

7. 命令栏及状态栏

(1) 命令栏是 CAD 较独特的一种操作方式，最早可以追溯到 DOS 版本的时代，通过在命令栏里输入命令进行操作。命令栏还会出现被执行命令的反馈信息。

命令：LINE

LINE 指定第一个点：

图 1-3　CAD 软件的命令栏

如：在命令栏中输入：Line 加回车（画直线的命令）。

命令栏反馈信息：指定第一个点（即指定直线的第一个点）。如图 1-3 所示。

这样的设计使 CAD 软件的初学者，能通过软件本身的提示掌握操作方法。

（2）状态栏是软件窗口最下方的一行，有捕捉、栅格、正交、极轴等按钮。按钮在灰色状态时表示关闭，按钮处于高亮状态时表示打开。鼠标左键点击可以打开或关闭功能，鼠标右键点击可以进一步设置状态。图 1-2 中栅格、极轴就是打开状态，捕捉、正交就是关闭状态。具体功能在后面的章节中进行介绍。

1.1.2　绘图前的基本设置

在认识基本界面基础上，绘图之前还要进行一些简单的设置：

1. 新版工具栏

有时绘图者因为工具栏太大占用屏幕，希望暂时关闭。点击工具栏最右侧的"█▾"按钮，工具栏可以在"大图""小图""文字""隐藏"四种模式下切换。其中只有隐藏模式工具栏按钮箭头向下"█▾"。读者可根据自己的绘图需要随时更改。

2. 旧版菜单栏工具栏

旧版菜单栏在最初状态下是隐藏的。使用过 CAD 软件早期版本的读者，习惯了旧版的菜单栏和工具栏，可以通过下面的设置将它们显示出来。

（1）顶端标题栏中间文件名称的左侧，有一个向下的箭头"▾"，点击后在弹出菜单的下方可以找到"显示菜单栏"选项。

（2）菜单栏弹出之后，点击"工具"→"工具栏"→"AutoCAD"将"绘图"和"修改"两个工具栏显示出来。拖动工具栏的边框，可以将工具栏放在绘图区域左右两侧。

（3）如果用户的显示器分辨率设置较高，工具栏可能会很小，点击"工具"→"选项"→"窗口元素"，勾选"□在工具栏中使用大按钮"。

通过以上修改，CAD 的绘图界面就比较简洁，更方便绘图。

3. 修改合适的十字光标、中心把框大小

（1）修改十字光标大小：点击"工具"→"选项"→"显示"，找到"十字光标大小"进行修改。

（2）修改中心把框大小：点击"工具"→"选项"→"绘图"，找到"把框大小"进行修改。

4. 二维模型设置

新版本的 CAD 软件中，既可以在二维模式下画图，也可以在三维模式下画图。本书以二维模式下的绘图方法为主，所以先将绘图设置为二维的模式。点击黑色绘图区域左上角的视图文字（注意：这个文字非常小），选择"俯视""二维线框"。

5. 关于屏幕颜色

默认状态下，绘图区域是黑色，绘图工具绘制出来的线是白色。这两个颜色是显示器显示的颜色。在打印输出时，屏幕的黑色默认为白色，线的白色默认为黑色。

关于眼睛健康：很多研究表明，长时间看黑色屏幕影响眼睛健康。推荐大家把显示器的背景颜色修改为灰色，可以通过"选项"→"显示"→"颜色"进行修改。

6. 设置尺寸单位

在纸张上绘图之前要考虑图纸有多大，A3 图纸还是 A2 图纸；比例画多大，1：50 还是

1：100。其实这些内容在 CAD 绘图时，都可以先不考虑。

（1）关于图形界限，CAD 中可以通过"格式"→"图形界限"来确定图纸大小。但是一般不使用这个设置，可以想象 CAD 图纸是一张无限大的图纸。

（2）绘图比例也先不确定，按照实际的尺寸绘图。打开菜单"格式"→"单位"，弹出图形单位对话框，如图 1-4 所示。

① 在建筑绘图中可将尺寸单位设置为毫米（本书所有尺寸均按实际尺寸绘制，即单位：毫米）。

② 长度类型为小数，精度为 0.0000。设置小数点后 4 位，是为了绘制时更加精确。

③ 角度类型为十进制度数，精度为 0。如果有需要，可以将角度的精度定为 0.00。

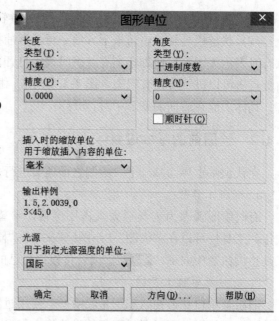

图 1-4　图形单位对话框

④ 输出样例：在 CAD 中，长度和角度的表达方式一定要熟练掌握，以后绘图中会频繁使用到。如图 1-4 所示。

长度单位输出样例：1.5，2.0039，0

含义为：X 轴长度为 1.5，Y 轴长度为 2.0039，Z 轴长度为 0（二维模式下 Z 轴为 0）。

角度单位输出样例：3<45，0

含义为：长度 3、角度 45°，Z 轴为 0。

⑤ 角度默认设置为逆时针旋转，平面直角坐标系 X 轴正方向为 0°，也就是右手边角度为 0°。可以通过勾选"顺时针"来改变该角度的旋转方向，但一般不这样设置。

通过第 1 节的学习，大家对 CAD 软件有了一个简单的认识。上面讲到的单位含义如不能熟练掌握，下面就通过绘制一个 CAD 的图形来巩固以上知识。

1.2　绘制图形

1.2.1　CAD 命令的各种形式

在第 1 节中讲到了直线命令，下面就使用直线命令绘制几个图形。要开始画图，必须先执行"直线命令"，在 CAD 中有多种执行命令的方法：

1. 点击工具栏

鼠标单击绘图工具栏中的直线命令"╱"，可以看到下方命令栏已经提示："指定第一个点"，说明已经进入了直线命令状态。

再来看看其他执行命令的方式，可先退出直线画图状态。

按键盘左上角的 ESC 键，即可退出当前命令状态。

2. 菜单模式

在菜单栏中点击"绘图（D）"→"直线（L）"，即可进入到直线命令状态。括号中的字母表示 Windows 菜单栏的快捷键，所以使用 Alt＋D＋L，也可以执行直线命令。操作方法是：按住"Alt"键，然后按"D"键，再按"L"键，不是同时按"D""L"两个键。

3. 键盘输入命令

（1）输入命令或命令的缩写，按回车或空格键启动命令。

在键盘输入"LINE"命令，按回车键，可以进入直线命令状态。

再试试输入字母"L"，按空格键，也可以进入到直线命令状态。

（2）直接按回车或空格键，可启动刚刚执行过的命令。

现在直接按回车或空格键，会发现在什么命令都没有输入的情况下，也进入了直线命令。这是 CAD 的一种便捷设计，便于连续使用一个命令的时候，不用再重复输入。

在键盘操作时，回车是"确认"按键，大部分命令中空格也是"确认"按键。绘图者可根据自己的习惯选用。

4. 几种命令的对比

在使用 CAD 时，这几种命令形式都会常用到：

（1）键盘输入

键盘输入简写命令加空格键确定的方式，这是最常用的命令方式。例如：直线命令就使用输入"L"＋空格。每个命令都有其简写模式，具体可以参见附表。

（2）点击工具栏

有些命令的简写有多个字母，输入起来并不方便，不如使用鼠标点击一下工具栏。如：矩形命令 Rectang，因为"R"和"RE"都被其他命令占用，所以简写为"REC"，使用鼠标直接点击绘图工具栏中的"矩形命令按钮"更为方便。

（3）菜单选择

有些命令不在默认的工具栏中，这时可以使用菜单栏直接点击命令。如：绘图命令"圆环"，普通工具栏中没有该命令，通过点击菜单"绘图"→"圆环"启动命令。

在本书以后的命令介绍中，尽可能将这些命令形式介绍全。读者可以根据自己具体情况选择使用，熟练掌握后就会建立自己的绘图习惯。

1.2.2　坐标

1. 绝对坐标

（1）绝对坐标就是点的 X，Y 坐标值，这个内容在初中数学的平面直角坐标系就学习过了。CAD 软件的绝对坐标也是这种形式，通过画一根线来了解一下绝对坐标，并且学习如何使用鼠标中间滚轮。

（2）绘制一条直线，来了解绝对坐标和直线的绘制方法。

画一根长 1000 的线，这根线的起点是坐标系原点，即（0，0）点，终点是沿 X 轴正方向 1000 的点，即（1000，0）点。具体操作如下：

① 启动直线命令。

② 输入"0，0"确认。

③ 输入"1000，0"确认。

④ 直接回车或空格确认完成。

第四步的直接回车，并未输入任何坐标信息，表示绘制完成不再画了。此时可能看不到这根直线，是因为视角的原因，所以要把视角调整到这根直线的位置。

（3）鼠标滚轮操作视角

① 双击鼠标中间滚轮，可以快速将视角调整到看到所有图形。

双击滚轮后就可以看到这根直线了，正压在 X 轴上。

② 缩放：滚轮向上为放大，滚轮向下为缩小。

③ 按住滚轮鼠标变成一个手的形状，此时移动鼠标可以平移视角。

绝对坐标这种形式，在绘制古建图中很少用到，所以简单了解即可。鼠标滚轮的操作非常重要，在后面的绘图中会经常用到，应熟练掌握。

2. 相对坐标（长度单位）

（1）相对坐标是以@开头的坐标形式，@指的是刚刚最后一点的坐标，跟在@后面的数字是 X 轴和 Y 轴上的增量。所以相对坐标的形式是：@ Δx，Δy。通过绘制"斗栱坐斗示意图"，体会相对坐标。先画图形的下半部分倒置的梯形，如图1-5所示。

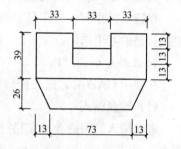

图1-5 斗栱坐斗示意图

（2）绘制斗栱坐斗示意图的下半部分。具体操作如下：

① 直线命令，单击屏幕任意一点，作为开始点（斗栱左侧中间的点）。

② 画出向右下的斜线，输入坐标@13，−26。现在可以用鼠标滚轮调整显示出来。

③ 向右侧的线，@73，0。

④ 向右上的线，@13，26。

⑤ 命令栏出现"指定下一点或［闭合（C）/放弃（U）］"按"C"＋回车，闭合图形。

命令栏中出现的方括号［闭合（C）］是可选项，即可以通过输入"C"＋回车来实现闭合功能。现在图形应该是一个倒梯形了。

（3）相对坐标（长度单位）：@Δx 正值向右，负值向左。@Δy 正值向上，负值向下。

下面可以使用相对坐标，将剩余的图形画完。会发现相对坐标在画直线的时候比较麻烦，如@0，39、@−33，0等。所以暂时先不画坐斗上半部分。

3. 相对坐标（角度单位）

（1）角度单位的相对坐标也是以@开头的坐标形式，在@后面的是长度，<后面是角度。相对坐标的形式是：@ $d < n°$。通过绘制"滴瓦沟头图"，学习角度单位的相对坐标，如图1-6所示。

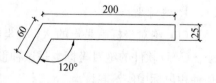

图1-6 滴瓦沟头图

（2）绘制滴瓦沟头示意图。具体操作如下：

① 启动直线命令，单击屏幕任意一点，作为开始点（瓦右上角顶点）。

② 画出向左长度200的线，@200<180。

③ 画出向左下长度 60 的线，@60＜240。

图中只给出了内角 120°，向左下的线从右侧方向 0°算起，逆时针旋转了 240°。

现在图形只有瓦片的上半部分，还没有 25 的厚度。根据现有的知识，读者完全可以自己画出其余的部分，但方法会比较复杂。在后面章节中，还有更简单的方法。

（3）相对坐标（角度单位）：@d＜0 向右，@d＜90 向上，@d＜180 向左，@d＜270 向下。

在十字光标的旁边有一个对话框，里面显示鼠标到原点的长度和角度，可以直接在这里输入。熟练掌握 CAD 软件后，有些绘图者觉得这个对话框经常挡住图形，希望关掉它。这个设置是"动态输入"对话框，使用 F12 键可以将这个对话框关闭。

以上三种坐标形式，在日后的绘图中只是偶尔使用到，设计人员不可能每条线都输入如此繁杂的坐标数字来绘图。但作为绘图初学者，这种最基本能力训练必不可少。在今后的绘图中，能看懂软件给出的提示，使用到这几种坐标形式时应熟练掌握。

4. 鼠标/捕捉输入方法绘图

（1）以上三种坐标平时使用较少，平时画线最常用的方法是：

以鼠标操作点或捕捉到的点为起点，以鼠标指向的方向为画线方向，以键盘输入的数字为长度，这样一种绘图方式。

（2）将图 1-5 斗栱坐斗上半部分完成。具体操作如下：

① 直线命令，点击倒梯形左上角点，鼠标方向向上，键盘输入"39"＋回车。

② 鼠标向右输入"33"＋回车。

③ 鼠标向下输入"26"＋回车。

④ 鼠标向右输入"33"＋回车……（完成后，只差中间一条线了）。

向上画 39 不用再输入相对坐标@0，39 了，而是直接把鼠标向上指向方向，在键盘上输入"39"表示长度加回车。这样绘图要比输入坐标绘图快得多，再加上下面学习的极轴、对象捕捉等设置，就可以快速绘制出较复杂的图形了。

1.2.3　正交、极轴

正交和极轴是控制鼠标移动角度的工具。这两个功能互斥，打开正交，极轴自动关闭，打开极轴，正交自动关闭。

1. 正交模式：快捷键 F8

正交模式指十字光标只能向上下左右四个正方向移动，这种移动方式不能绘制斜线。

2. 极轴模式：快捷键 F10

（1）极轴模式下十字光标可以自由活动，在用户设定的角度附近停下来。如设定极轴为 45°，十字光标可以自由活动，在鼠标移动到 43°至 47°之间（该区间会随鼠标操作距离原点远近有所变化）的时候就自动贴向 45°。

（2）使用鼠标右键点击"极轴"，选择"设置"命令。如图 1-7 所示。

（3）增量角设置：增量角可以在 5°、10°、15°……90°几个角度中选择，设置好增量角后，按确定退出。如果设定增量角为 30°并启动直线命令，十字光标就会停在设定值的倍数的度数，即鼠标接近 30°、60°、90°……时就会停住。

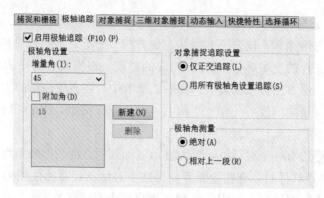

图 1-7　极轴设置对话框

（4）附加角：指设定另外一个极轴角，这个极轴角只在到达第一个角度时鼠标停止，并不是每个附加角的倍数鼠标都停止。

（5）极轴角测量：极轴角度是绝对于坐标系的，还是相对于上一段线的。即绝对指 0°永远指向右侧，相对上一段指 0°是相对鼠标操作点之前一段线的角度。

（6）绘制倾斜方砖，如图 1-8 所示。具体操作如下：

① 任意点为起点，鼠标指向左侧方向，键盘输入 200 确认。

② 继续绘图，不退出直线命令，设置附加角度 20°，鼠标向上移动到 20°附近时，自动贴向 20°键盘输入 100 确认。

③ 设置极轴增量角为 90°，极轴角测量为"相对上一段"，鼠标继续旋转到相对于第一条边 90°时，十字光标附近出现"相关极轴<90°"，键盘输入 100 确认。

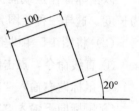

图 1-8　倾斜方砖示意图

包括"极轴"在内，极轴对话框上方的"对象捕捉""捕捉和栅格"等设置，在不退出绘图命令的过程中，都可以做临时修改。

1.2.4　对象捕捉、对象追踪

1. 对象捕捉：快捷键 F3

（1）对象捕捉是非常实用的绘图工具，用户根据需要随时更改对象捕捉设置。通过右键点击可以进一步设置捕捉什么，不捕捉什么。常用的对象捕捉图形的"端点""中点""圆心"等，随着课程的深入，用到该捕捉命令时再举相应的例子。下面我们先把捕捉"端点"和"中点"打开，通过绘制图形了解对象捕捉如何使用，如图 1-9 所示。

（2）把斗栱坐斗的最后一条线画完。具体操作如下：

① 打开对象捕捉"中点"。

② 直线命令，使用鼠标捕捉斗栱直线中点，出现"△"符号表示捕捉成功。

③ 单击鼠标左键确定起点，并用鼠标捕捉另一侧中点，再次单击确定。

现在已经把完整的斗栱坐斗示意图画出来了。

（3）在屏幕上已经有绘制的图形之后，打开对象捕捉设置，十字光标靶框碰到已有图形时，就会出现捕捉的标记。捕捉图形上不同的位置会出现不同的符号，符号就是图 1-9 中每个选项左侧的标记符号。如：捕捉到端点时出现"□"，捕捉到中点时出现"△"。

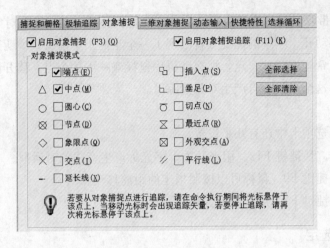

图 1-9　对象捕捉和对象追踪对话框

（4）捕捉符号的颜色和大小可以使用"工具"→"选项"→"绘图"修改。

（5）对象捕捉设置不宜太多，过多设置就发生现鼠标卡在不需要的捕捉点上的现象。对象捕捉设置根据用户的需要随时更改。

（6）两条直线相交，如图 1-10 所示。具体操作如下：

① 打开对象捕捉"端点""延长线"和"交叉"。

② 直线命令，鼠标点击其中一条线预计延伸可以相交的一端。

③ 移动鼠标，碰一下另外一条线的一端，按着这条线延伸方向移动鼠标。

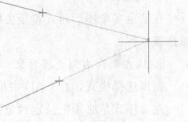

图 1-10　两条直线相交

④ 当鼠标移动到预计交叉点时，鼠标会自动卡住，并显示预计相交的线。此时点鼠标确定交叉点，然后将鼠标回到第二条线的端点，完成绘图。

2. 对象追踪：快捷键 F11

（1）对象追踪指在捕捉到对象之后，光标会继续沿着与捕捉点对齐的路径进行追踪。所以要打开对象追踪，必须打开至少一项对象捕捉。

（2）绘制庑殿屋面示意图，如图 1-11（b）所示。具体操作如下：

① 画 300×150 的矩形，打开极轴 45°，对象捕捉"端点""中点"及对象追踪。

② 直线命令，点击左下角点，鼠标移动到右侧竖线中点，出现捕捉中点"△"。

③ 鼠标沿着捕捉中点左侧水平方向移动，到与起点极轴 45°线交点时自动停止。

④ 如图 1-11（a）所示，单击鼠标，再移动鼠标至左上角点，单击鼠标。

⑤ 重复操作画出 4 条"垂脊"，最后画出"正脊"，完成庑殿屋面示意图。

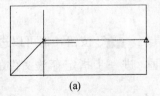
（a）

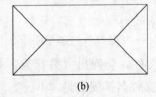
（b）

图 1-11　庑殿屋面示意图

（3）图 1-9 中带叹号的灯泡的内容，它的含义是：打开对象捕捉和对象追踪后，鼠标碰一下捕捉对象再移动开，刚刚的捕捉点就出现了一个小的十字箭头，说明这个点就可是对象追踪的点。如果不希望追踪这个点，那么就再用鼠标碰一下这个点，移开鼠标后，这个小十字箭头就没有了，这个点就不再产生对象追踪了。

3. 其他设置

在图上方一套选项卡中还有几个设置：

（1）动态输入：快捷键 F12。用来开关十字光标产生旁边的对话框。

（2）捕捉：快捷键 F9。鼠标可以按照指定的距离移动。

（3）栅格：快捷键 F7。屏幕出现像栅栏一样的背景格。

1.2.5 图形的选定

1. 普通选定和增加选定

在 AutoCAD 中选定图形使用鼠标单击，选定图形后，会在图形上显示出点表示被选中。若增加一个选定对象就继续用鼠标单击第二个图形，不需要借助其他功能键。

2. 减选图形

在选定多个图形时，希望去掉某一个图形的选定，按键盘的 Shift 键单击某一对象，可减选该目标。

3. 从左侧向右侧选择对象

窗口选择模式，在 CAD 中可以看到以实线框住的蓝色区域。

左选模式是必须把选定对象完全放在蓝色区域内，也就是完全框住，才能选定。

4. 从右侧向左侧选择对象

交叉选择模式，在 CAD 中可以看到以虚线框住的绿色区域。

右选模式是只要绿色区域碰到的对象，只要碰到一部分，就可以被选定。

5. 复杂选择

CAD 中还可以通过菜单"工具"→"快速选择"进行复杂选择，如选定同一个颜色的线、选定同一个层的线。

1.2.6 其他操作

1. 恢复前一次操作

命令 UNDO，快捷键"Ctrl+Z"，工具栏在最上方"⤺"。

2. 命令之中的确定

可以使用键盘的回车、空格，也可以使用鼠标的右键单击。

3. 保存文件

使用"文件"→"保存"、SAVE 命令、工具栏"■"按钮，都可以进行保存文件。如果第一次保存该文件，会弹出"另存为"对话框，进一步指定存放文件的位置和文件名。CAD 文件保存的文件名扩展名是"dwg"。

保存画出的图形到桌面，储存成"练习.dwg"。

4. 新建文件

打开 CAD 软件之后，系统会自动产生一个文件供用户使用。但在大多数实际操作中，用户要根据绘图要求不同，首先选择不同的模板产生文件。不同的模板可以按不同比例、纸张、大概的绘图内容进行分类。

打开"文件"→"新建"对话框，可以看到很多文件列表，选择 acadios 模板新建文件。建立自己的模板需要很多知识的积累，在后面章节会有相应内容。

1.3　习　　题

1.3.1　工具栏练习

(1) 练习目标：打开关闭折叠工具栏，熟悉工具栏，可以快速在工具栏中找到工具。

(2) 使用命令：新版工具栏 ■· 按钮，旧版工具栏"工具"→"工具栏"→"AutoCAD"。

(3) 练习过程：

① 点击工具栏按钮，在工具栏中找到如下命令，如图 1-12 所示。

图 1-12　练习工具栏中的命令

②打开"绘图"和"修改"工具栏，分别把鼠标停留在绘图工具的"直线命令"与修改工具的"删除命令"上，多停留一会儿，弹出该命令的帮助信息。如图 1-13 所示。

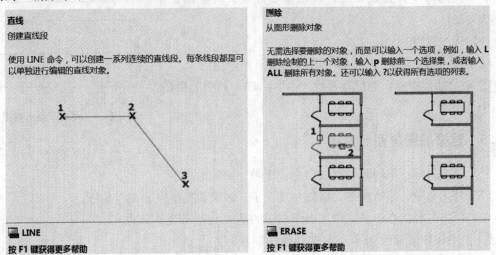

图 1-13　命令帮助信息

1.3.2　选定练习

(1) 练习目标：在练习"dwg"文件中，体会两种选定的不同，熟练使用两种选定，增加选择，减少选择，取消选择。

（2）使用命令：选定、加选、减选、取消。

（3）练习过程：

① 仔细观察这条线（见资料库练习文件），看上去是一条直线，实际左侧还有另外一条短线。

② 单击这条线，选择整个线段，按 esc 取消。

③ 从左侧拖动选择，不要把整条线段全部框住，可以发现选择上了左侧较短的线段。

④ 自由在所有图形中进行选择，练习加选、减选、取消。

1.3.3 坐标练习

（1）练习目标：练习绝对坐标、相对坐标、长度单位、角度单位。

（2）使用命令：直线命令、绝对坐标、相对坐标。

（3）练习过程：

① 直线命令、输入 120，120 回车；200，150 回车；（绝对坐标）。

② @－50，60 回车；（相对坐标长度单位）。

③ @100＜210 回车；（相对坐标角度单位）。

④ C 闭合，如图 1-14 所示。

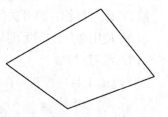

图 1-14　坐标练习

1.3.4 硬山屋面示意图

（1）练习目标：巩固练习直线命令、极轴、对象捕捉等。

（2）使用命令：直线命令、极轴角度设定、对象捕捉中点、相对坐标。

（3）练习过程：

① 向上 150、向右 300、向下 150、"C" 闭合图形。

② 对象捕捉中点，捕捉垂直线 "△" 出现，画中间横线。如图 1-15 所示。

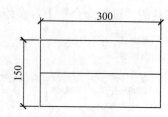

图 1-15　硬山屋面示意图

1.3.5 重檐庑殿屋面示意图

（1）练习目标：巩固练习直线命令、极轴、对象捕捉等。

（2）使用命令：直线命令、极轴角度设定、对象捕捉中点、相对坐标。

（3）练习过程：在本章庑殿屋面示意图的基础上完成以下绘制。

① 使用相对坐标绘制 4 条向外延伸的斜线，左上角第二点坐标@－30，30……

② 沿 4 条斜线画出外框 4 条线。如图 1-16 所示。

1.3.6 歇山屋面示意图

（1）练习目标：巩固练习直线命令、极轴、对象捕捉等。

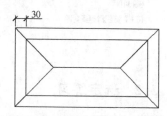

图 1-16　重檐庑殿屋面示意图

（2）使用命令：直线命令、极轴角度设定、起点坐标。

（3）练习过程：难点在于画中间长度 200 的线，起点如何寻找。

① 向上 150、向右 300、向下 150、"C"闭合图形。

② 直线命令、捕捉竖线中点（此时不要点击鼠标指定第一点）、鼠标向右移动输入数字 50 回车（该操作指定第一点）、鼠标向右移动输入数字 200 回车（指定第二点）。

③ 从中线两端画上下各 40 的线，组成共长 80 的线。

④ 从角点向内绘制直线，设置极轴 45°，对象捕捉"交叉"，交叉到长 80 的线。

如图 1-17 所示。

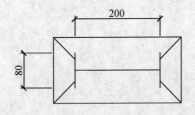

图 1-17　歇山屋面示意图

1.3.7　绘制褥子面散水

砖尺寸 120×240，如图 1-18 所示。

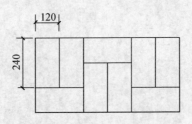

图 1-18　褥子面散水

1.3.8　绘制新建屋顶示意图

难点：先画楼房两侧 45°三角形，图形右上角斜线与下方中线对齐。如图 1-19 所示。

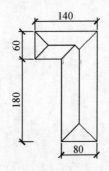

图 1-19　新建平面屋顶示意图

1.3.9　北京故宫中轴线主要建筑示意图

经过第 1 章的学习，只使用直线命令、坐标、对象捕捉、极轴等知识，就能画出"北京故宫中轴线主要建筑示意图"。在附带文件中，已经画好了一部分，尝试把剩下的完成。如图 1-20 所示。

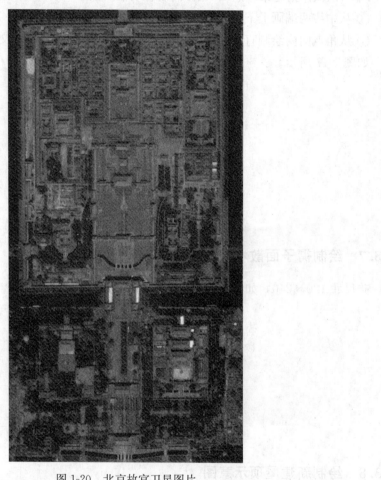

图 1-20　北京故宫卫星图片

(图片来源于谷歌地球截图，可用谷歌地球、百度地图等软件找到)

第 2 章　单体建筑平面图

本章要点

本书第 2～4 章的目标是绘制一个古建单体的平面图、立面图、剖面图。所绘制的单体建筑选用广亮大门，它含有硬山建筑的基本特点，是绘制其他古建筑屋面形式的基础。本章介绍了古建单体的平面图绘制方法，通过对本章的学习，可以掌握绘图命令：矩形、多段线、圆等；可以掌握修改命令：移动、镜像、偏移、复制、删除、修剪、打断、组合等。本章还介绍了"图层"工具，要求读者建立"分层绘图"的习惯。

2.1　台　基　部　分

2.1.1　台基

首先绘制广亮大门的台基和台阶，台阶部分的图形都是由直线组成的，依靠我们以前学习到的直线命令，也可以绘制出来。使用矩形命令绘制"垂带""踏跺"等更为快捷。

1. 矩形命令

(1) 命令 Rectang，命令缩写"REC"。

(2) 工具栏：▢。

(3) 菜单："绘图"→"矩形"，快捷键 Alt+D+G。

(4) 基本操作：执行命令、指定第一点、指定对角点。

2. 绘制台基

台基尺寸：4690×5140。具体操作如下：

① 矩形命令，鼠标点击屏幕任意一点，作为台基的起点，即左下角点。

② 方法一：输入右上角点的相对坐标"@4690,5140"，回车确认。

方法二：输入 [尺寸 (D)] 回车，输入长度（横向）"4690"回车，输入宽度（纵向）"5140"回车，然后选择矩形生成的方向点击鼠标确认。

③ 双击鼠标中间滚轮，让台基显示在屏幕中间。

矩形命令关键在于输入尺寸的先后顺序，使用相对坐标和 [尺寸 (D)] 的方法都是先输入 X 轴尺寸，再输入 Y 轴尺寸。为了绘图方便，本书提到的所有尺寸都按照这个顺序出现。这个顺序并不是在施工图中标注的尺寸顺序，仅作为书中绘图使用。

2.1.2 台阶

1. 绘制矩形

台阶由"燕窝石""垂带""踏跺"组成，它们都是由矩形组成的。先分别绘制这三个部分，然后再拼合成台阶。

（1）燕窝石尺寸：2710×1180。

（2）垂带尺寸：400×1090，垂带绘制左右共两个。

（3）踏跺尺寸：1750×300，踏跺共有三级台阶，所以绘制三个。

现在屏幕上有大大小小 6 个矩形。

2. 移动命令

移动命令是本章第一个修改命令，修改命令都是针对已经画好的图形进行修改。在命令实施的过程中，可以先选择图形再执行命令，也可以先执行命令再选择图形对象。只有少数命令必须先执行命令。在本书介绍修改命令时都先执行命令。

（1）命令 Move，命令缩写"M"。

（2）工具栏：✥。

（3）菜单："修改"→"移动"，快捷键 Alt＋M＋V。

（4）基本操作：执行命令、选择对象、指定基点、指定移动位置。

（5）移动命令往往配合对象捕捉共同使用，命令的重点在于选择对象的基点。

基点就是位于图形对象上操作的基础点，对于移动命令就是移动的基准点，对于旋转命令就是旋转的轴点。在下面学习不同的修改命令时，再体会各个命令的基点。

3. 拼合台阶

（1）拼合燕窝石和垂带

利用对象捕捉定点位移，打开对象捕捉端点，对象追踪。操作如下：

① 移动命令，选择垂带图形对象。选择好的对象会变成虚线，按空格确认。

② 指定基点，指定垂带左上角点作为基点，鼠标点击垂带左上角。

③ 移动鼠标，可以看到垂带随鼠标移动。

④ 把基点指向燕窝石左上角端点，屏幕上出现两个图形右上角重叠在一起。

⑤ 从捕捉到的端点向右移动鼠标，键盘输入"80"回车，如图 2-1 所示。

图 2-1　输入尺寸精确移动

现在两个图形拼合好了，垂带左上角位于燕窝石左上角右侧 80 个单位处。

（2）拼合踏跺

将踏跺移动到燕窝石中间：打开对象捕捉中点，启动移动命令，选择踏跺，指定踏跺右侧中点为基点，移动到燕窝石右侧中点位置，点击鼠标确定。

反复上述两项操作，拼合成完整的台阶部分，如图 2-2 所示。

图 2-2　拼合好的台阶部分

4. 镜像命令

在台基的两侧都有台阶，而且是对称的图形。像此类对称图形，并不是用"复制"命令复制出两份，而是使用"镜像"命令，"反"出一个对称图形。

（1）命令 Mirror，命令缩写"MI"。

（2）工具栏：⚏。

（3）菜单："修改"→"镜像"，快捷键 Alt＋M＋I。

（4）基本操作：执行命令、选择对象、指定第一点、指定第二点、选择是否删除源。

（5）重点难点：指定第一点和第二点的连线组成镜像的"镜子"。第一点与镜像来源有多远，就与镜像出的目标图形有多远。第二点可以使用鼠标围绕第一点旋转，选择"镜子"的角度。

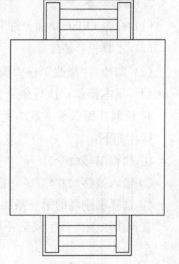

5. 镜像台阶到另外一侧

操作如下：

① 执行镜像命令。

② 选择左侧台阶，回车确认。此时思考一下如何选择下方台阶而不选上台基。

③ 鼠标单击选择第一点，选择台基中点作为镜像的基点。

④ 旋转鼠标选择第二点，上下镜像"镜子"是水平的，鼠标点击水平方向一点。

⑤ 选择是否删除原来的图形，"N"不删除，之后回车。

图 2-3　拼合好的台基和台阶

经过镜像台阶，台基上下两侧就都有对称的台阶了，如图 2-3 所示。

2.1.3　散水

散水位于贴近建筑物外围的地面上，古建散水大多用砖铺设而成，这里只画一种相对简单的散水图形。本章后面的练习中还有其他散水地砖的画法。

1. 多段线命令（绘制直线）

多段线是一个较复杂的工具，它可以绘制出包括直线、弧线、有宽度的线等等图形。在这里先介绍使用多段线命令绘制直线。

（1）命令 Pline，命令缩写"PL"。

(2) 工具栏：⤺。

(3) 菜单："绘图"→"多段线"，快捷键 Alt＋D＋P。

(4) 基本操作：使用多段线绘制直线，与使用"直线"命令基本相似。

(5) 重点难点：多段线绘制的直线与普通直线的不同在于：多段线绘制的图形是一个完整对象，直线绘制的是多个对象。

2. 绘制外围散水（第一步）

(1) 散水外围可以只画 1/4，然后使用镜像命令绘制到整个台阶。先画两条经过台基中心的横竖方向的辅助线。

(2) 画台基顶角斜线，散水总宽 360，使用相对坐标"@360，360"。如图 2-4（a）所示。

(3) 使用多段线绘制散水。操作如下：

① 多段线命令。打开捕捉对象：端点、交叉点。

② 鼠标指定第一点，褥子面散水与台阶的交点，对象捕捉斜线端点与台阶交点。

③ 依次指定两条斜线的端点，最后指定于另一侧台阶交叉的点。

此时已经可以看出散水的形状了，如图 2-4（b）所示。

3. 偏移命令

(1) 命令 Offset，命令缩写"O"。

(2) 工具栏：⤴。

(3) 菜单："修改"→"偏移"，快捷键 Alt＋M＋S。

(4) 基本操作：执行命令、输入偏移尺寸、选择对象、选择向哪边偏移。

4. 绘制外围散水（第二步）

操作如下：

① 执行偏移命令。

② 输入偏移尺寸"70"，散水外围实际是由一块砖的"顺头"露出地面，砖厚 70。

③ 选择刚刚画的第一条线，点击该线外侧。

在原多段线外侧生成出一条新线，两条线的距离是 70，如图 2-4（c）所示。

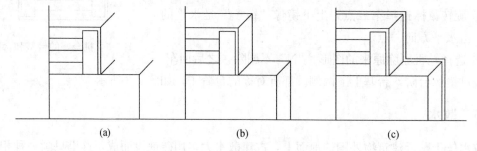

图 2-4　绘制散水外围

（a）相对坐标绘制斜线；（b）多段线绘制散水；（c）偏移散水外围

5. 绘制散水转角

操作如下：

① 使用偏移命令将斜线向两侧偏移出两条线，偏移尺寸"35"，组成"箭头"。

② 移动斜线，移动基点选择斜线靠外侧出头的端点，移动至斜线与散水的交点。

③ 删除原有斜线，并画散水外围顶角的"割角"小斜线。

以上三步，如图 2-5 所示。

④ 使用镜像命令，将画好的散水外围镜像到台基周围。

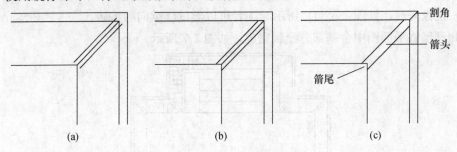

图 2-5　散水转角箭头和割角

6. 褥子面散水排砖

在实际绘图中，如地砖做法这类重复的图形，一般不会满铺绘制。只需要绘制其中一部分即可。

（1）散水转角分为向外侧凸出的和向内侧凹的两种，向外凸的叫"出角"，向内凹的叫"窝角"。排砖时优先考虑"出角"排出"好活"，"破活"赶到"窝角"部位，如图 2-6（a）所示。

（2）使用矩形命令画砖拼合褥子面散水，砖尺寸：120×240。

（3）将并排的两块砖移动到转角箭头处，如果不能一次移动就位，可以移动两次。第一次移动将砖对齐散水外围，如图 2-6（b）所示；第二次移动再对齐到箭头，如图 2-6（c）所示。

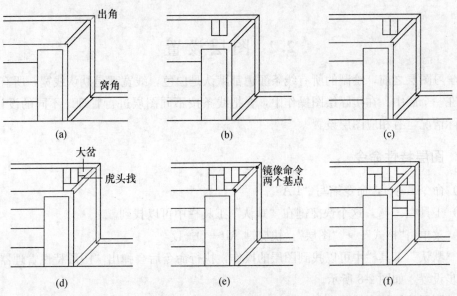

图 2-6　褥子面散水转角排砖

（a）出角和窝角；（b）第一次移动砖；（c）第二次移动砖；

（d）大岔与虎头找；（e）镜像基点选择；（f）完成散水转角排砖

（4）沿砖右侧中点画向右直线分出"大岔""虎头找"，如图 2-6（d）所示。

（5）继续画一组褥子面，并将绘制好的图形镜像到箭头另外一侧，镜像命令的两个基点，选择箭头中线的两点，如图 2-6（e）所示。

仔细体会不难发现，镜像两点组成的"镜子"不一定是垂直或水平的。

（6）镜像完成，如图 2-6（f）所示。读者可以尝试继续向后排砖。

至此已经将平面图中台基部分绘制完成，如图 2-7 所示。

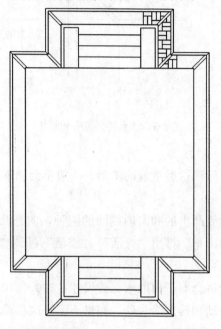

图 2-7　台基部分

2.2　图 层 设 置

在学习图层之前，绘制的所有线条颜色都默认是白色，线宽都是默认线宽，所有的线条也都是在一个层中。在实际绘图操作中，会把线条按不同图层进行管理。不同的设计公司，根据实际情况，有相应图层设置。

2.2.1　图层特性命令

（1）命令 Layer，命令缩写"LA"。

（2）工具栏：🔲，这个快捷键在"默认"工具栏中可以找到。

（3）菜单："格式"→"图层"，快捷键 Alt＋O＋L。

在"默认"工具栏中可以找到图层的操作，执行命令后会弹出"图层特性管理器"对图层进一步设置，如图 2-8 所示。

在"图层特性管理器"中可以看到，CAD 默认只有一个图层，就是"0 层"。CAD 中与图层相关的操作有很多，本书中只介绍一部分平时使用较多的功能。

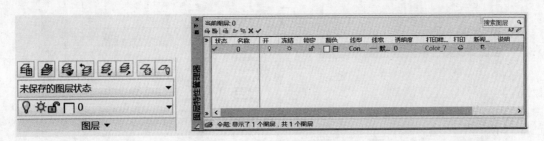

图 2-8　图层特性工具栏和对话框

2.2.2　线的特性

线的特性包括："颜色""线型""线宽"等，线的特性有独立的命令 Linetype。只设置线的特性而不配合"层"的操作，那么只是一个临时操作，并不能固定下来。所以线的特性要配合"层"一起使用。

重要概念：线的特性中颜色、线宽、线型等设置，只是为了画图时，方便查看图形进行的设置，并不是为了打印进行的设置。

1. 颜色

点击图层特性中颜色图标下方"□白"，可打开设置颜色的对话框。颜色系统中有三个对话框可以选择，平时多使用"索引颜色"，如图2-9 所示。

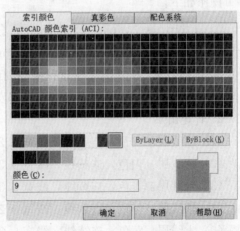

图 2-9　索引颜色选项卡

索引就是把颜色都编成号码，有利于对颜色进行统一管理。索引编号靠前的几个颜色使用频率最高：红 1、黄 2、绿 3、青 4、蓝 5、紫 6、白 7、深 8（灰）、浅 9（灰）。

黑色线条会随背景颜色变化，在第 1 章时也做了介绍，背景颜色是黑色时，黑色线条就变成了白色。

2. 线型

点击图层特性中线型图标 "Continuous"，可打开线型对话框。可以看到目前加载的线型只有一个 "Continuous" 连续线，如图 2-10（a）所示。

点击"加载（L）"可以将 CAD 中储存的线型加入到备选的线型中。常用的线型还有："CENTER" 点划线和 "DASHED" 虚线等，如图 2-10（b）所示。

还可以点击"文件"按钮，载入其他线型文件，如图 2-10（b）所示。CAD 线型文件扩展名为 lin，默认线型文件为 acadiso. lin。

3. 线宽

设置图形线宽类型不宜设置过多。为了便于在显示器上显示进行设置：细线为 0.2mm、粗线为 0.3mm、大粗线为 0.4mm。

在下方状态栏中点击是否显示线宽的按钮 "线宽"，屏幕上才能显示粗线。

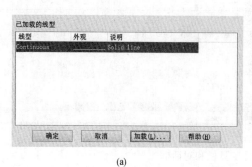

(a)   (b)

图 2-10　线型设置

（a）原始"连续"线型；（b）载入更多线型

2.2.3　建立图层

1. 新建台基层，并把台基放入台基层

操作如下：

① 打开图层，点击新建图层按钮："　"在名称框输入"台基"。

② 选择颜色：青色，选择宽度：0.3mm。创建图层后，退出图层设置对话框。

③ 选择台基，在工具栏中选择刚刚创建好的台基层，并打开线宽显示。

这时可以看到，台基的颜色和线宽都发生了变化，已经进入到台基层了。

2. 新建图层

（1）细线层：白色，连续线，线宽 0.2。

（2）粗线层：白色，连续线，线宽 0.3。

（3）台基层：青色，连续线，线宽 0.3。

（4）轴线层：红色，点划线，线宽 0.2，锁定该层。

（5）木线层：黄色，连续线，线宽 0.3。

（6）填充层：灰色，连续线，线宽 0.15。

2.2.4　图层的设置

1. 基本设置

（1）开关"　"：设置该图层是否显示。

（2）锁定"　"：设置该图层不能移动，如轴线层。

（3）冻结"　"：冻结后该图层不显示、不能移动，并且不参与计算。

（4）打印"　"：设置该图层是否打印。

（5）设置当前层：

绘图之前，在工具栏中选择图层，或使用图层管理器选择层，再按"置为当前"命令。设置好图层后，绘制的每一条线都放在了该图层。

（6）将已经画好的图形放入一个层，选定图形对象，在工具栏中选择将其放入的图层。

2. 把绘制好图形放入相应的图层（操作略）

3. 关于图层

（1）以下绘制的每个图形前都要考虑它应该放在哪个层，建立分层绘图的好习惯。

（2）不同的设计公司对图层设置的要求并不一致，建议绘图前与设计公司沟通。

2.3 柱网结构

2.3.1 轴线

1. 确定轴线

1）轴线数量

在建筑制图中，往往首先绘制的就是轴线，然后根据轴线绘制柱和墙体等。在古建制图中，轴线大多是柱的中线。本节要画的平面图，面宽方向有两个檐柱，对应两个轴线，即 1 轴和 2 轴；进深方向有一个前檐柱、一个山柱、一个后檐柱共三柱，对应三个轴线，即 A 轴、B 轴、C 轴。

2）轴线长度

按照个人绘图习惯，先画纵轴和先画横轴都可以。如果先画纵轴，那么纵轴的长度一定要超过横轴所有尺寸的总和。因为纵轴下方要标注尺寸和画轴线符号，所以纵轴长度还要留得更多一些。

3）轴线符号大小

之前绘制的所有图形都没有考虑到比例，都是按照实际尺寸进行绘制。轴线符号大小在制图标准中有规定。如果轴线符号圆圈 8mm，按制图比例 1∶50 计算，那么轴线圆圈尺寸为直径 400。

2. 圆命令（指定圆心）

（1）命令 Circle，命令缩写 "C"。

（2）工具栏：。

（3）菜单："绘图" → "圆"，快捷键 Alt＋D＋C。

（4）基本操作：指定圆心，输入半径或直径。

（5）说明：如果放大已经画好的圆，可能会发现圆的周边并不圆滑，使用重生成命令可以修正。"视图" → "重生成"，命令 Regen，命令缩写 "RE"。

3. 绘制轴线

（1）将当前图层移动到 "轴线" 层，开始绘制，具体操作如下：

① 绘制纵轴：使用直线工具绘制纵轴 10000。

② 偏移纵轴：使用偏移命令，偏移尺寸就是轴线（柱）间尺寸，1 至 2 轴间距 3830。

③ 绘制横轴：横轴尺寸超过纵轴总和即可，左右出头。

④ 偏移横轴：方法同纵轴，A 至 B 轴、B 至 C 轴间距 2000。

⑤ 绘制轴线符号：画圆直径 400，移动到轴线旁边，如图 2-11 所示。

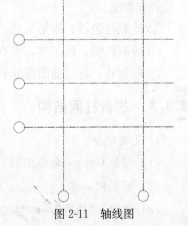

图 2-11 轴线图

（2）使用捕捉对象的"象限点"，象限点指圆或弧的四个正方向点，即右侧 0°点、上方 90°点、左侧 180°点、下方 270°点。

（3）轴线层是锁定的，如果希望修改，需要先关掉图层锁定。

（4）轴线符号中的文字，在学习文字之后再书写，可以先用直线工具绘制。

2.3.2 柱顶石

平面图中绘制完整的柱顶石，应该是由柱顶石、鼓镜、柱三部分组成的。本图需要绘制檐柱、山柱两套柱顶石图形，如图 2-12 所示。

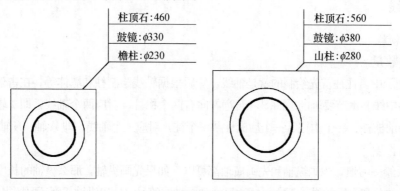

图 2-12 柱顶石平面

1. 柱顶石

在平面图中是见方的正方形，可以使用矩形工具进行绘制。柱顶石尺寸是柱径的 2 倍，所以随柱子大小变化，柱顶石大小也会变化。一般至少要绘制檐柱、金柱两套柱顶石。

2. 鼓镜

鼓镜是柱顶石上高出地面的部分，在平面图中要注意鼓镜的形状要随柱的形状变化而变化。即柱是圆的鼓镜也是圆的，柱是方的鼓镜也是方的。

3. 柱

在平面图上绘制柱应该与柱顶石和鼓镜分开，一般会建立一个木结构专用的图层，线条要比一般线粗。

4. 绘制柱顶石

操作如下：

① 绘制柱顶石：矩形工具。

② 绘制鼓镜：圆工具，重点在于指定圆心，利用对象捕捉找到矩形的中心。

③ 绘制柱：将当前图层换到木线层，绘制柱。绘制鼓镜的同心圆。

2.3.3 拼合柱网结构

1. 复制命令

（1）命令 Copy，命令缩写"CO"。

（2）工具栏：📇。

（3）菜单："修改" → "复制"，快捷键 Alt＋M＋Y。

（4）基本操作：执行命令、选择对象、指定基点、指定目标位置。

（5）命令说明：命令中可选项［模式（O）］可以选择只复制一次，还是可以连续多个复制。

2. 删除命令

（1）命令 Erase，命令缩写"E"。

（2）工具栏：✎。

（3）菜单："修改"→"删除"，快捷键 Alt＋M＋E。

（4）基本操作：执行命令、选择对象、确认删除。

3. 拼合柱网结构

（1）使用连续复制模式，将柱顶石复制到轴线，基点选择柱的圆心，目标位置轴线相交处。复制柱顶石后拼合成柱网结构图，如图 2-13 所示。

（2）打开轴线层的锁定，将轴线与柱顶石移动到台基相应位置。

（3）移动轴线的基点有两种选择方法，这两种方法用于进深方向步架都对称的图形。若只有一边有廊，则要考虑去掉廊步架之后的尺寸。

① 第一种方法是选择柱网结构的中心点，移动目标是台基的中心点。

② 第二种方法是选择 A 轴与 1 轴相交的点作为基点。从台基顶角画一根辅助斜线，将基点移动到斜线端点。

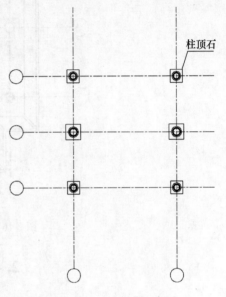

图 2-13　柱网结构图

辅助线的尺寸的确定：（台基总长－ 轴线总长）÷2 ，如图 2-14 所示。

③ 计算本图辅助线：

a. 台基面宽尺寸 4690，面宽方向轴线总长 3830，（4690－3830）/2＝430。

b. 台基进深方向尺寸 5140，进深方向轴线总长 4000，（5140－4000）/2＝570。

c. 应从台基顶角画辅助斜线，相对坐标"@430，570"。如图 2-15 所示。

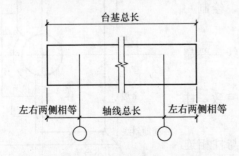

图 2-14　确定辅助线尺寸

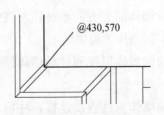

图 2-15　A 轴 1 轴交点辅助斜线

（4）移动柱网结构和台基后，使用删除命令删掉辅助线，如图 2-16 所示。

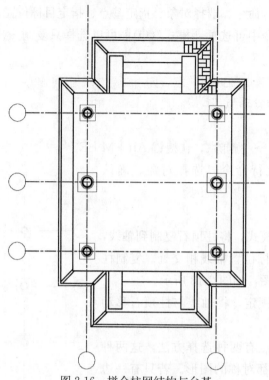

图 2-16　拼合柱网结构与台基

2.4　墙　　体

2.4.1　墙体线

仔细观察平面图的墙体线，墙体本身是一组对称的图形。所以只画其中的一边，镜像到上边即可。另外墙体一般使用较粗的线。绘制墙体使用黄色的木线层，也可以新建墙体层。使用直线工具绘图即可。

1. 墙体与台基、檐柱的关系

（1）下碱墙体与台基山面之间的距离为"金边"。

（2）面宽方向从台明外皮到下碱墙体的距离为"小台阶"。

（3）使用金边与小台阶的距离作为坐标，绘制一根斜线辅助线，确定墙体的转角。

（4）注意墙体面宽方向不是正对柱的中线，要超过轴线一点，即墙体"咬中"。

（5）柱前的墙体厚度和柱后墙体厚度不一致，柱后墙体更厚一些。

（6）柱前墙体与柱直线连接，柱后墙体与柱相连接的部分是 45°斜角。

墙体与台基、柱的关系，如图 2-17 所示。

2. 绘制墙体（第一步绘制）

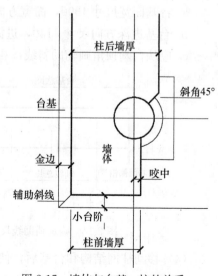

图 2-17　墙体与台基、柱的关系

操作如下：

① 金边尺寸 70，小台阶尺寸 140，画辅助斜线，起点台基顶角，相对坐标"@70，140"。

② 画外侧墙体线，起点辅助线端点，向上画到图形中间轴线。

③ 画柱前墙厚，从辅助线端点向右尺寸 400，并向上画到柱。

④ 使用偏移命令画出内侧墙体线，偏移尺寸为柱后墙厚 500。

⑤ 从檐柱、山柱圆心绘制 45°斜线，到墙体内侧线。

绘图步骤及结果，如图 2-18 所示。

2.4.2 修剪墙体线

1. 修剪命令

(1) 命令 Trim，命令缩写"TR"。

(2) 工具栏：┼┈。

(3) 菜单："修改"→"修剪"，快捷键 Alt+M+T。

(4) 基本操作：执行命令、选择界限对象（选好确认后，对象变为虚线）、回车确定、选择被修剪的对象希望剪掉的一侧。

(5) 重点难点：

① 修剪命令的难点在于，执行命令后选择的对象并不是被修剪的对象，而是先选择修剪到哪里的界限对象。在中文版 CAD 的提示语中，这里只提示"选择对象"，初学者容易错选成被修剪的对象。

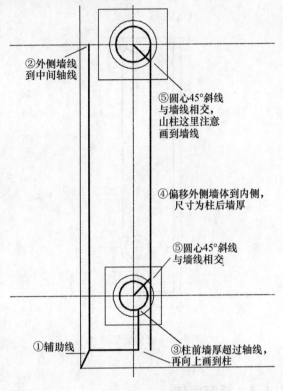

图 2-18 绘制墙体

图中标注：
②外侧墙线到中间轴线
⑤圆心45°斜线与墙线相交，山柱这里注意画到墙线
④偏移外侧墙体到内侧，尺寸为柱后墙厚
⑤圆心45°斜线与墙线相交
①辅助线
③柱前墙厚超过轴线，再向上画到柱

② 修剪命令可以选择一个界限对象，对多个被修剪对象进行修剪。也可以选择多个界限对象，对一个被修剪对象进行修剪。

③ 修剪命令与延伸命令是一组双生命令，它们的操作模式一致。

2. 绘制墙体（第二步修剪）

操作如下：

① 选择界限对象：檐柱内斜线作为界限对象；被修剪对象：多余出的内侧墙体线。

② 界限对象：柱；被修剪对象：柱内部的 45°斜线。

③ 界限对象：柱的斜线、柱前的内侧墙体线、柱后的内侧墙体线；被修剪对象：墙体内的柱顶石和鼓镜（选择多个界限对象，修剪一个图形）。

④ 界限对象：中间轴线；将中间轴线以上的部分修剪掉（选择一个对象，修剪多个图形）。这一步是为了下面镜像做准备。如图 2-19 所示。

3. 绘制墙体（第三步镜像）

操作如下：

① 删除其他柱顶石。

② 通过两次镜像将墙体镜像到整个台基，请注意是否把所有的图形都选择上了。

③ 关掉轴线层的显示。如图 2-20 所示。

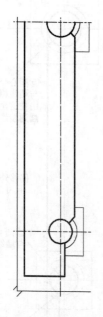

图 2-19　修剪后的墙体

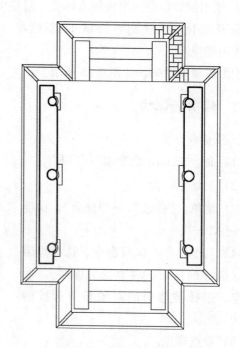

图 2-20　镜像后的墙体

2.4.3　填充墙体

墙体画好后，下一步对墙体进行填充。填充命令必须对封闭的图形进行，先将凌乱的墙体线整理成为一个完整的封闭图形。如果之前的绘制的图形已经封闭，可以尝试跳过整理墙体，直接在墙体内填充。

1. 打断命令和打断于点命令

（1）命令 Break，命令缩写"BR"。

（2）工具栏：▭ 和 ▭。

（3）菜单："修改"→"打断"，快捷键 Alt＋M＋K。

（4）基本操作：

① 打断命令用于将一个对象其中的一部分去掉，具体步骤如为：执行命令、选择对象、指定第一个打断点、指定第二个打断点。操作后位于两个打断点之间的图形就删除了。

② 打断于点命令用于将一个对象分成两个对象，具体步骤为：执行命令、选择对象、指定打断点。操作后原图形不被删除，而是从打断点分成了两个图形对象。

（5）重点难点：

① 打断于点命令不能打断 360°的整圆。

② 打断和打断于点实质上是一个命令，都是命令 Break。由于平时都经常使用，所以都有各自的工具栏按键。

2. 合并命令

(1) 命令 Join，命令缩写"J"。

(2) 工具栏：➔←。

(3) 菜单："修改"→"合并"，快捷键 Alt＋M＋J。

(4) 基本操作：执行命令，选择多个对象，确认合并。

(5) 重点难点：多个对象合并之后成为一个多段线对象。

3. 整理组合墙体

操作如下：

① 使用"打断于点"命令，选择山柱的半圆，打断点是 45°斜线交点，如图 2-21（a）所示。打断后，180°的弧线，就变成 45°和 135°两段弧线了，如图 2-21（b）所示。

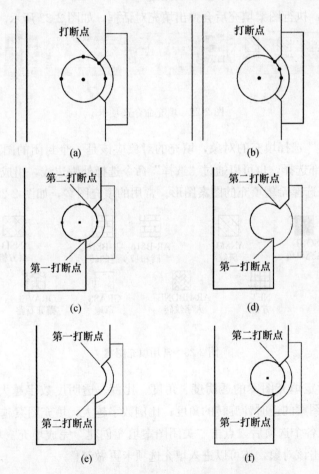

图 2-21　檐柱、山柱打断

(a) 山柱打断点；(b) 山柱打断之后；(c) 檐柱打断点；

(d) 打断后效果；(e) 反向选择两个打断点；(f) 用弧线将檐柱补齐

② 檐柱的圆是整圆，不可以用打断于点命令，要使用打断命令将整圆打断。

操作：执行打断命令后选择檐柱的圆，选择［第一点（F）］，指定檐柱与柱前墙相交点为第一打断点，再指定45°斜线与檐柱相交点为第二打断点，如图2-21（c）所示。这样两点之间的弧线就被打断并且删除了，如图2-21（d）所示。

如果相反选择这两个点，打断后如图2-21（e）所示。

③ 使用画弧命令，将打断删除的弧线补全。如图2-21（f）所示。弧线命令将在第3章介绍，可以自己尝试补齐，不补齐弧线的话会影响柱子的显示效果，但不影响下面的合并命令及图案填充效果。

④ 合并命令，沿墙体选择一圈对象，将墙体合并成为一个完整的多段线对象。

所谓整理墙体线，就是将原有线段打断，并且组合成新的图形。

4. 图案填充命令

（1）命令 Hatch，命令缩写"H"。

（2）工具栏：▨。

（3）菜单："绘图"→"图案填充"，快捷键 Alt＋D＋H。

（4）基本操作：执行图案填充后会弹出填充对话框，如图2-22所示。

图 2-22　填充命令选项卡

① 使用"边界"选择填充的对象，填充的对象应该是一个封闭的图形。可以通过"拾取点"单击图形内部选择，也可以通过"选择"命令选择外围边线，组成一个封闭图形。

② 图案中可以选择希望填充的图案图形。常用的填充图案，如图2-23所示。

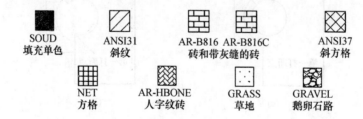

图 2-23　常用填充图案

③ 特性可以指定填充图案的透明度、角度、比例。透明度数字越大，填充图案越淡；角度可以设定填充图案的逆时针旋转的角度；比例数字越大，填充图案越大。

④ 选择好填充各个选项后，点击"关闭图案填充创建"完成填充。填充好的对象是一个整体的图形，双击该对象，还可以进入填充选项卡再做调整。

5. 填充墙体

操作如下：

① 打开填充图案命令，对象选择合并好的墙体。

② 填充图案选择斜纹 ANSI31。

③ 填充比例输入数字"30"。如图 2-24 所示。

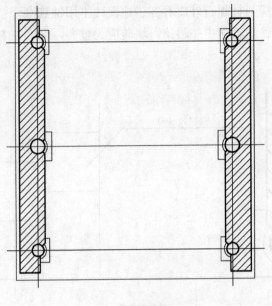

图 2-24 墙体填充斜线

2.5 平面图其他部分

2.5.1 下槛

从柱向内依次为抱框、余塞板、门框、下槛。如图 2-25 所示。

2.5.2 抱鼓石（门墩儿）

古建门墩儿种类繁多，这里只画一个简单的示意图。门墩是一块整体的石材凿刻而成，安置在槛框下方。所以在槛框之前和之后各有一部分。如图 2-26 所示。

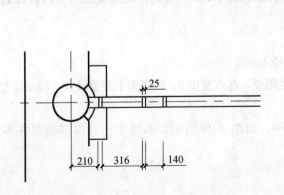

图 2-25 抱框、余塞板、门框、下槛尺寸

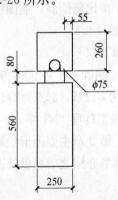

图 2-26 门墩平面图

2.5.3 地面

台基阶条石的宽度应与柱顶石外皮看齐。地面砖不用铺满画，一般情况下画出三行砖，并标注地面的做法即可。正面居中一趟第一块砖应为整砖，那么左右相邻第一块砖为半砖。如图 2-27 所示。

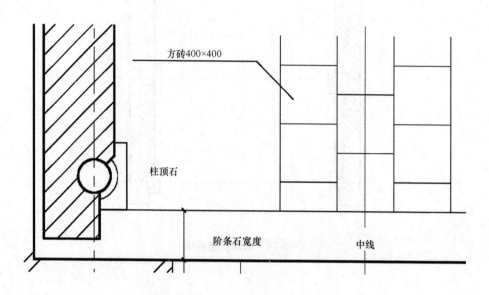

图 2-27 地面铺砖

2.5.4 指北针

1. 多段线（设置线宽）

多段线绘制过程中，有一个选项［宽度（W）］，选定后可以设定线的起点宽度和端点宽度。若设置其中一端宽度为 0，就可以绘制出箭头。

2. 指北针

指北针按比例绘制，制图标准对指北针的要求，指北针尾部宽度约为圆直径的 1/8。

3. 绘制指北针

操作如下：

① 用绘制圆，半径 500，或直径 1000。

② 使用多段线，起点为圆上方象限点，起点宽度 0；端点为下方象限点，端点宽度 125。

③ 直线工具写 "N" 字。

至此，第 2 章主要图形绘制完毕，如图 2-28 所示。本图中还有很多细节并不完善，需要在后面章节介绍之后再做修改。

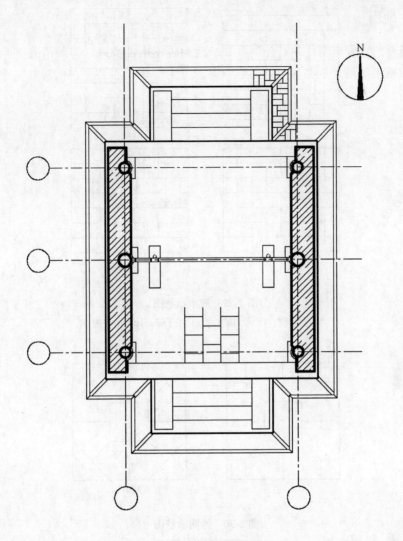

图 2-28　平面图成图

2.6　习　　题

2.6.1　地面、散水

练习命令：直线、矩形、复制等。

(1) 砖尺寸：120×240，如图 2-29 所示。

(2) 小方砖 200×200，大方砖 400×400，整体 1200×1200。如图 2-30 所示。

2.6.2　墙体示意图

(1) 三顺一丁：砖高 60，顺头 240，丁头 120。如图 2-31 所示。

(2) 五出五进：砖高 60，顺头 240，丁头 120。如图 2-32 所示。

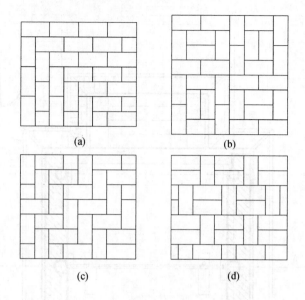

图 2-29　散水示意图

（a）席纹；（b）八锦方；（c）拐子锦；（d）中字别

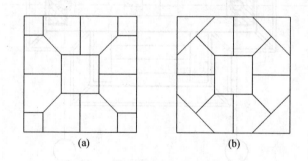

图 2-30　地面示意图

（a）龟背锦；（b）筛子底

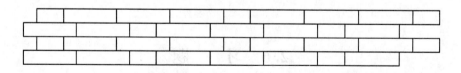

图 2-31　三顺一丁墙体示意图

2.6.3　七檩悬山木构架示意图

练习命令：圆、直线、镜像、复制、对象捕捉象限点。

尺寸：台基高 400，下檐出 400，檩径 200，檐柱高 2400，檐步架 800 五举，金步架 800 七举，脊步架 800 九举。如图 2-33 所示。

难点：画椽子时，使用对象捕捉中的"切点"，并且关掉其他捕捉。

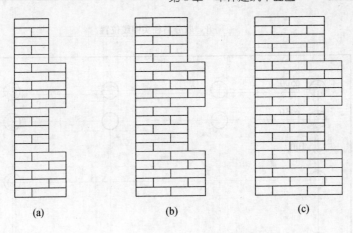

图 2-32 五出五进墙体示意图

（a）个半、一个；（b）个半、俩；（c）俩半、俩

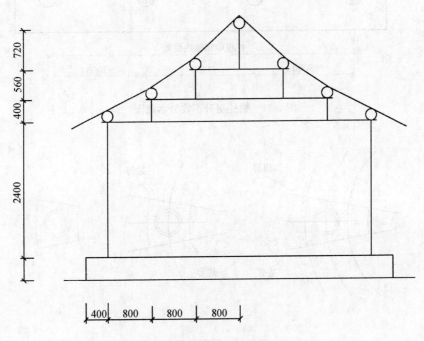

图 2-33 七檩悬山木构架示意图

2.6.4 檐柱掰升、收分示意图

练习命令：矩形、圆、线的线型线宽、偏移、镜像。

尺寸：柱径 500，收分柱径 450，掰升尺寸 100，轴线尺寸如图 2-34 所示。

2.6.5 圆亭柱顶石

练习命令：画圆，修剪命令多边界、多对象。

金柱尺寸：轴线圆直径 4400，向左右各偏移 400。柱径 400，鼓镜 500。以轴线大圆圆心画上下边界线，夹角 20°。如图 2-35 所示。

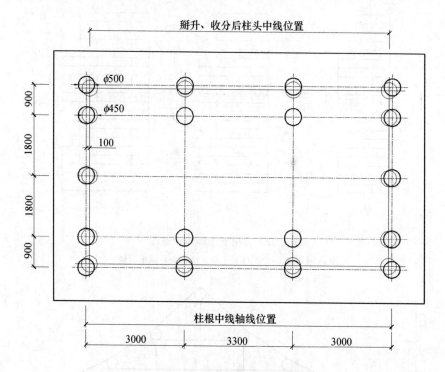

图 2-34　檐柱掰升、收分示意图

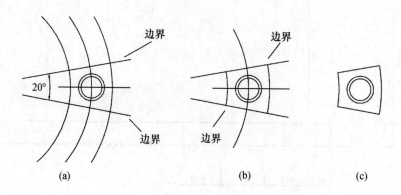

图 2-35　圆亭柱顶石

（a）第一次修剪；（b）第二次修剪；（c）柱顶石成图

第 3 章 单体建筑正立面图

本章要点

本章继续上一章的广亮大门的绘制，以平面图为基础，建立三面投影坐标系，自下而上绘制正立面图。通过本章的学习，可以掌握绘图命令有：圆弧、多边形、椭圆等。修改命令有：延伸、倒角、圆角、阵列、旋转、拉长、缩放、分解等。

3.1 准备正立面图

3.1.1 准备正立面图

1. 绘图投影关系

绘制某一个建筑物的平、立、剖面图，首先要了解这几类图之间的关系。第 2 章绘制的平面图，准确地说是从上向下看的俯视剖面图 "H"。本章所绘制的是从前向后看正立面图 "V"，第 4 章绘制的是从左向右看的侧面剖面图和侧立面图 "W"。如图 3-1 所示。

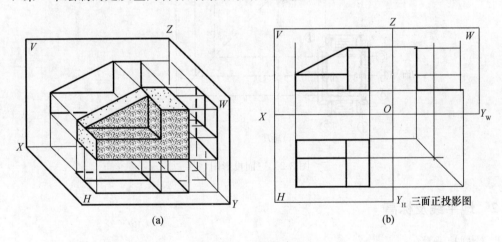

图 3-1 三面投影关系

图中 X、Y、Z 是三维坐标系的轴，O 为原点，H、V、W 为投影面。在绘制第 2 章的平面图时，因为只画了一个 H 面投影，所以没有考虑到三面投影。本章要绘制 V 面投影，要综合考虑它和 H 面、W 面的关系，先做画立面图的准备工作。

2. 延伸命令

（1）命令 Extend，命令缩写 "EX"。

（2）工具栏：⊸ᐟᐟ∕。

（3）菜单："修改"→"延伸"，快捷键 Alt＋M＋D。

（4）基本操作：延伸命令操作方法与修剪命令类似，先选择延伸到哪里的对象，再选择被延伸的对象。可以选择多个被延伸的线条。

（5）命令说明：延伸命令和修剪命令是一组双生命令，它们操作方法类似，二者也可以互相切换。在选择好界限对象时，通过按住 Shift 键可以使两个命令功能切换。例如：选择延伸命令的界限对象后单击鼠标是延伸对象，而按住 Shift 键单击鼠标是修剪对象。

3. 立面图绘制准备

操作如下：

（1）绘制横纵坐标，交叉点为 O 原点，绘制向右下 45°辅助线。

（2）将纵向 1、2 轴线延伸至 V 面。

（3）将横向 A、B、C 轴线延伸轴线至 45°斜线，再向上画到 W 面，如图 3-2 所示。

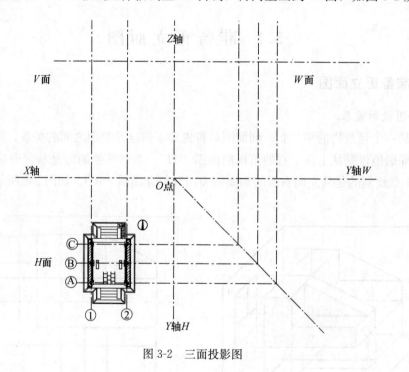

图 3-2　三面投影图

3.1.2　地平线及标高

1. 绘制地平线

（1）建立地平线图层：颜色为蓝，线宽为 1mm。

（2）在地平线层绘制横线，直线贯穿 V 面和 W 面作为两个平面的室外地平线。

2. 绘制标高符号

（1）按制图标准绘制标高符号，标高符号高 3mm 左右、角度 45°。如图 3-3 所示。

（2）按 1∶50 的比例放大，标高符号高度为 150。

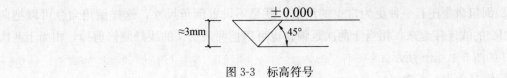

图 3-3　标高符号

3. 关于标高

在古建图画标高符号时，只画一间房屋时以首层明间台基高度为±0.000，大地地面高度一般是负值。在画建筑群时，以主要建筑或首个建筑的台基高度为±0.000，如四合院可以使用第一进院正房台基高度为±0.000。

3.2　基础石作

3.2.1　台基

1.V面图形基本画法

在绘制 V 面或 W 面图时，很多图形可以通过 H 面的图形投影画出。如台基的宽度就可以使用 H 面的台基向上投影，再确定台基的高度就可以绘制出 V 面的台基图形。

2. 倒角命令

(1) 命令 Chamfer，命令缩写"CHA"。

(2) 工具栏：。

(3) 菜单："修改"→"倒角"，快捷键 Alt＋M＋C。

(4) 基本操作：执行命令，输入"D"倒角尺寸，选择倒角的第一条边，选择第二条边。

(5) 重点难点：

① 倒角命令用于把已经画好的直角图形，变成倒角形态。倒角尺寸有两个，一般情况下两个尺寸是一样的。如图 3-4（a）所示。

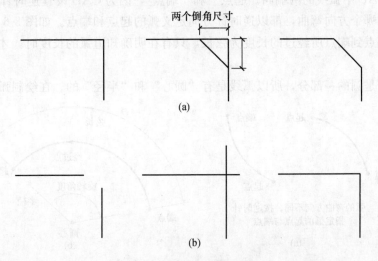

图 3-4　倒角命令的两种用法

（a）倒角命令第一种用法：倒角；（b）倒角命令第二种用法：延伸或修剪

② 倒角命令还有一种更为常见的用法，就是不设置倒角尺寸，这样倒角命令可以把两条不相交的线连接起来，相当于两次延伸；也可以把两条交叉的线外侧修剪掉，相当于两次修剪。如图 3-4（b）所示。

3. 绘制台基、垂带

（1）从 H 面把台基宽度向上投影至 V 面，绘制台基高度 520，四步踏跺高度 130。

（2）垂带是一整块石制材料，靠近地面的部分，要切入地面，所以还应有一条直线。这条直线在第 4 章剖面图绘制完成后，再投影回 V 面。

4. 绘制台基细部的好头石、埋头石、斗（陡）板

（1）好头石立面尺寸：1070×130。

（2）埋头石立面尺寸：360×390。

（3）斗（陡）板：若是体量较大的建筑可以详细绘制斗板。本图建筑体量较小，除去好头石和埋头石的部分就是斗板。斗板还可以使用砖、或鹅卵石等，这些材料都可以用填充命令绘制。如图 3-5 所示。

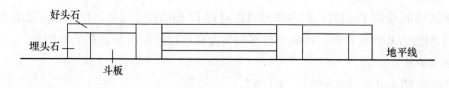

图 3-5 台基

3.2.2 柱顶石

柱顶石的鼓镜高出地面部分，在正立面图中是一段弧线。首先了解 CAD 软件中对弧线各部分的定义，然后再学习如何绘制弧线。

1. 弧线定义

（1）在 CAD 中弧线的两端叫"起点"和"端点"，因为 CAD 设置逆时针为正方向，所以无论弧是向哪个方向弯曲，都以逆时针方向定义弧的起点和端点。如图 3-6（a）所示。

（2）从起点到端点所经过的长度为弦长，只有在明确知道弧的长度时，才使用指定弦长的方法画弧。

（3）弧线是圆的一部分，所以弧线是有"圆心"和"半径"的。在绘制弧的过程中，也

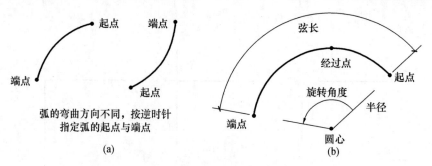

图 3-6 弧线的定义

（a）弧线弯曲方向；（b）弧线各部分名称

可以通过指定圆心和半径来绘制。

（4）弧在圆心旋转所经过的角度为弧的度数，以逆时针为正方向。

（5）经过点：弧中任意一点，均为弧的经过点，可以使用指定三点（起点、经过点、端点）画弧。以上 CAD 对弧线的定义，如图 3-6（b）所示。

圆弧的参数众多，指定其中的几个就能画出一条弧线。所以画弧的方法是比较多的，可以通过菜单"绘图"→"圆弧"查看圆弧的各种画法。下面先介绍指定"起点"→"端点"→"弯曲方向"的方法。

2. 圆弧命令

（1）命令 Arc，命令缩写"A"。

（2）工具栏：。

（3）菜单："绘图"→"圆弧"，快捷键 Alt＋D＋A。

（4）基本操作：指定"起点"→"端点"→"弯曲方向"的方法，指定弧的起点，指定端点［端点（E）］，输入［方向（D）］，用鼠标偏向弧的弯曲方向，点击确认。

3. 绘制柱顶石

操作如下：

① 绘制柱顶石 460、鼓镜 330，即两条直线，鼓镜高度 50，如图 3-7（a）所示。

② 画弧：指定柱顶石为起点，输入 E 回车，指定鼓镜为端点。

③ 输入 D 回车，活动鼠标可以指定弧弯曲的方向，指定向下柱顶石线的方向，绘出的弧线较为美观。

④ 镜像弧线到柱顶石另外一侧，基点选择柱顶石的中点。如图 3-7（b）所示。

图 3-7　柱顶石正立面图

3.2.3　门墩

1. 绘制门墩

门墩尺寸如图 3-8 所示。

2. 组合正立面图石作部分

柱顶石居中对齐轴线，门墩对齐平面图投影的相应位置。如图 3-9 所示。

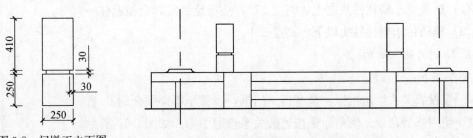

图 3-8　门墩正立面图

图 3-9　正立面图石作部分

3.3 木 结 构

3.3.1 檐柱

1. 关于绘制古建柱子

中国古建筑中的柱子有两个施工工艺特点，"收分"与"掰升"。在这里简单介绍一下这两个名词，并说明在绘图中重点注意。

（1）收分又称"收溜"，是指柱的上下直径并不是相等的，除了较短的瓜柱以外，其他柱子都是上面顶部的直径略小于柱子下面根部的直径。绘图时柱子的柱径均按柱子根部的柱径计算。

（2）掰升又称"侧脚"，是指柱子并不是直立放在柱顶石上的。为了加强古建筑的稳定性，大多数檐柱都是向内侧倾斜放置的。一般情况下柱子的掰升不在图中表现出来，也就是不画出斜着的柱子，在平面图中按柱脚中线设计轴线位置。

2. 绘制檐柱

操作如下：

① 檐柱使用矩形工具，柱径为230。檐柱柱头标高为3190，减去柱顶石鼓镜高度50，所以檐柱柱体高度为3140。

② 移动檐柱到柱顶石上，基点选择中点对齐轴线。

③ 绘制梁头，尺寸280×280，居中放置在檐柱柱头。

3.3.2 槛框、檩垫枋

1. 槛框

（1）下槛高度200。

（2）中槛下皮标高2570，中槛高度185。

（3）抱框、余塞板、门框尺寸见 H 面图，可从 H 面向上投影。

（4）中槛以上为走马板，因正立面图檐枋会遮挡住走马板，所以不用把走马板全部绘制出来。先画"檩垫枋"三件，檐枋下面剩下的部分就是走马板。

2. "檩垫枋"三件

（1）檩位于垫板之上，因完全被遮住所以在这里就不用画了。

（2）垫板位于檐柱柱头之上，高度170，垫板绘制后，会被遮住一部分。

（3）檐枋位于檐柱柱头以下，高度230。

3. 绘制其他木结构

操作如下：

① 按投影关系绘制抱框、余塞板、门框，步骤不再详细介绍。

② 使用修剪命令、倒角命令按遮蔽关系修剪图形。如图 3-10 所示。

③ 檐柱后墙体，按投影关系应该还有一条线，即廊心墙，暂时不绘制出来。

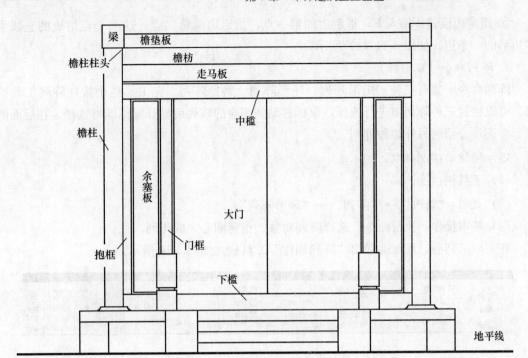

图 3-10　正立面图木结构

3.3.3　门簪

1. 多边形命令

多边形工具绘制的是"正多边形"，即边长和内角相等的多边形。

（1）命令 Polygon，命令缩写"POL"。

（2）工具栏：⬠。

（3）菜单："绘图"→"多边形"，快捷键 Alt＋D＋Y。

（4）基本操作：执行命令、输入边数、分成下面两种方式：

① 指定中心模式：指定圆心、指定 [内接于圆（I）/外切于圆（C）]、指定半径。绘制时需要选择内接圆还是外切圆，圆是不被画出来的，只有多边形被画出来。

② 内接于圆（I）指半径到多边形的角的距离，如图 3-11（a）所示。

③ 外切于圆（C）指半径到多边形的边的垂直距离，如图 3-11（b）所示。

图 3-11　多边形三种画法

（a）内接于圆 I；（b）外切于圆 C；（c）指定边 E

④ 指定边模式：输入 E，指定边的第一点，指定边的第二点。这两个点组成的直线为多边形的一条边。如图 3-11（c）所示。

2. 阵列命令（环形）

阵列命令一共有三种：矩形阵列、环形阵列、路径阵列。在工具栏中按住阵列工具按钮，可以在这三种阵列中进行选择，鼠标移动到相应的阵列后松开鼠标即可选择。在后面的章节会逐步介绍到另外两种阵列。

（1）命令 Arraypolar。

（2）工具栏：⊞。

（3）菜单："修改"→"阵列"→"环形阵列"。

（4）基本操作：执行命令、选择阵列对象、指定圆心完成阵列。

在完成阵列后，系统会弹出"阵列创建"工具栏，如图 3-12 所示。

图 3-12　环形阵列菜单

（5）环形阵列设置：

① 项目数：阵列项目的总数，这个数字包含第一个原始图形。

② 介于：指两个项目之间的角度度数。

③ 填充：指所有阵列项目的总角度。

以上三个选项，指定其中的两项就可以完成环形阵列。如已知环形楼梯有 17 阶台阶、总角度为 130°，就可以设置项目数 17、填充 130°，项目间的角度会自动算出。

④ 旋转项目：阵列的对象是否跟随阵列而旋转。

⑤ 方向：选择逆时针还是顺时针环形阵列，默认为逆时针方向。

⑥ 关联：打开关联，阵列对象就是一个整体，还可以继续修改阵列数据，需要使用分解命令才能单独修改。关闭关联，阵列后是分散的对象。

⑦ 关闭阵列：全部选项选择好之后，点击关闭阵列结束阵列命令。

（6）阵列后的图形一般是一个完整的对象，可以通过鼠标双击再进行修改。

3. 圆角命令

（1）命令 Fillet，命令缩写"F"。

（2）工具栏：◠。

（3）菜单："修改"→"圆角"，快捷键 Alt＋M＋F。

（4）基本操作：执行命令，输入 R 圆角半径，选择圆角的第一条线，选择第二条线。

（5）重点难点：圆角与倒角是一组双生命令，操作相近。倒角可用于直线相接，圆角用于弧线相接。不设置圆角半径，可以将两条弧线相连，注意选择弧线的位置。

4. 绘制门簪

操作如下：

① 绘制六边形，使用指定边 E 模式，边长 88。如图 3-13（a）所示。

② 绘制辅助线，从多边形一条边的中点向内侧画辅助线长度 8，另外从多边形两个顶角向多边形中心画两条辅助线。如图 3-13（b）所示。

③ 三点画弧：起点和端点为多边形顶角点，经过点为辅助线端点。如图 3-13（c）所示。

④ 使用圆角命令，圆角半径 6，一条选择多边形顶角的辅助线，另一条选择弧线。弧线左侧右侧分别做两次。如图 3-13（d）所示。

⑤ 环形阵列弧线，选择三个对象，弧线和左右两边的圆角，指定多边形中心点为阵列中心，阵列角度 360°，项目数 6，图形随环形旋转。如图 3-13（e）所示。

⑥ 删除辅助线和正六边形，如图 3-13（f）所示。

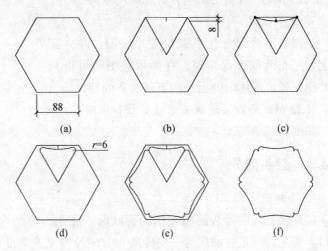

图 3-13　绘制门簪

⑦ 将绘制好的门簪复制到中槛，门簪中心距离中线 300，间距 600，高度居中，如图 3-14 所示。

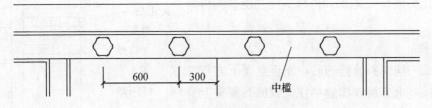

图 3-14　门簪在中槛的位置

3.4　墀头墙体

3.4.1　硬山墀头组成

墀头是山墙两端檐柱以外的部分，硬山建筑的墀头从下至上可以分成三个部分：下碱、上身、盘头。盘头部分和山面博缝头相连接。正立面墙体图形很多都是从侧立面图形投影到正立面的。

3.4.2　下碱和上身

1. 下碱

（1）下碱尺寸：400×975。

（2）砖尺寸：砖高 65、顺头 267、丁头 133。

（3）移动到台基，金边尺寸为 70。

2．上身

（1）上身尺寸：390×1780。

（2）砖尺寸：砖高 60、顺头 260、丁头 130。

（3）移动上身至下碱上方，花碱尺寸为 5。

3．关于花碱

花碱指上身尺寸比下碱尺寸小一圈，在立面图上，左右两侧都退花碱。在画示意图时可以只画外侧花碱，墙体内侧上身和下碱对齐处理。

4．绘制好墙后按遮蔽关系修剪柱和柱顶石

如图 3-15 所示。

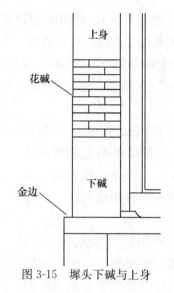

图 3-15 墀头下碱与上身

3.4.3 盘头部分

1．绘制盘头

（1）常见六层盘头的前 4 层为荷叶墩、混儿、炉口、枭儿，在正立面均为一层砖高 60，宽度与上身宽度相等。

（2）头层盘头和二层盘头在山面分别与博缝下方的头层拔檐和二层拔檐相连接，头层盘头和二层盘头分别比上身宽 1/3 博缝砖的宽度。图 3-16 中博缝砖宽度 60，所以头层盘头比上身宽 20，二层盘头比头层盘头宽 20，博缝头比二层盘头再向外宽 20。

2．戗檐

戗檐是一块倾斜放置的砖，在正立面下方与二层盘头连接，上方被连檐遮挡住。戗檐与墀头上身同宽，戗檐外侧是博缝头。

3．绘制好盘头部分后按遮蔽关系修剪柱和梁

如图 3-16 所示。

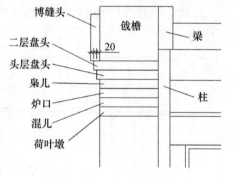

图 3-16 正立面图盘头部分

3.4.4 博缝头

1．博缝头绘制方法

1）关于古建筑博缝

博缝是古建筑山面构件，用来遮蔽木构架起到防风挡雨的作用。一般小式硬山建筑以砖博缝居多，博缝头是使用一块整砖砍制而成。其他建筑类型中也有使用木质材料的博缝，如垂花门的博缝。

2）博缝头绘制方法

博缝头的具体做法有很多种，本节介绍一种简单的博缝头画法：将一块砖的顶角到对边中点的连线分成七份，第一份按等边三角形砍掉。后面的六份等分成"三份"，这三份画

"五段"半圆弧线，这种做法叫"三匀五洒"。如图 3-17 所示。

3）投影关系

在正立面图中能看到的博缝头，只是博缝砖的厚度，中间投影的横线并不是"七等分"时的点，而是在博缝头从 W 面向 V 面的投影。投影过来的点多是弧线的象限点。

2．定数等分命令

（1）命令 Divide，命令缩写为 DIV。

（2）工具栏：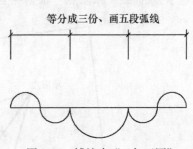。

（3）菜单："绘图"→"点"→"定数等分"，快捷键 Alt＋D＋O＋D（英文字母 O）。

（4）基本操作：执行命令、选择对象、指定等分数量、确认并出现等分点。

（5）命令说明：点的样式需要在"格式"→"点样式"中提前选好。如图3-18所示。

3．旋转命令

（1）命令 Rotate，命令缩写为 RO。

（2）工具栏：○。

（3）菜单："修改"→"旋转"，快捷键 Alt＋M＋R。

（4）基本操作：执行命令、选择对象、指定基点、指定旋转角度。

（5）说明：基点是旋转的轴点。

图 3-17　博缝头"三匀五洒"

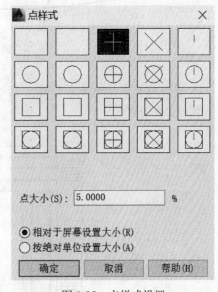

图 3-18　点样式设置

4．绘制博缝头侧立面

操作如下：

① 画方砖尺寸 380×380，从下方中点到上方顶角画辅助线。

② 修剪掉方砖斜角，向右旋转方砖7°，辅助线与正方向夹角56°。

③ 将辅助线七等分。按照第一份长度绘制等腰三角形，切掉砖角。

④ 使用画弧命令，按"三匀五洒"绘制博缝头弧线。

⑤ 使用修剪命令和删除命令，删掉辅助线，整理图形。如图 3-19 所示。

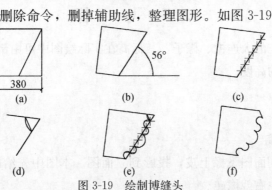

图 3-19　绘制博缝头

⑥ 对象捕捉"象限点"根据侧立面图画正立面图。如图 3-20 所示。

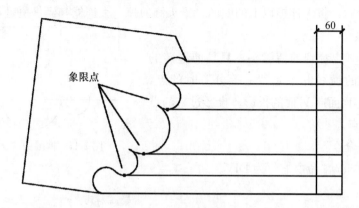

图 3-20　博缝头从侧立面投影至正立面

5. 将博缝头移动到正立面图

如图 3-21 所示。

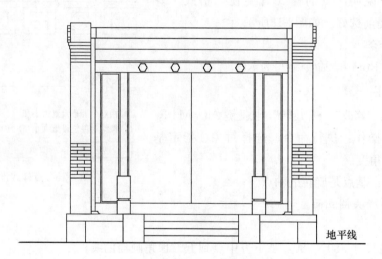

图 3-21　不包含屋面的正立面图

3.5　飞　椽

屋面部分包括木作的大连檐、椽子，其标高在实际绘图中可由剖面图投影到立面图。在本章先给出这些构件的高度。

3.5.1　大连檐

1. 确定大连檐标高

大连檐标高使用剖面图飞椽上皮，投影到立面图。本图中先给出大连檐标高 3383。大连檐左右两侧延伸到左右戗檐砖。

2. 修剪戗檐、梁头、檐垫板

绘制大连檐后,将大连檐以上的戗檐、梁头修剪掉。大连檐和椽子覆盖了檐垫板,可以将檐垫板删除。

3.5.2 关于椽子

1. 飞椽正立面

飞椽本身是正方形的,因为飞椽是倾斜角度放置的,所以在正立面的投影并不是一个正方形,飞椽高度 = 飞椽宽度 × cos(倾斜角度),如图 3-22 所示。若简单计算,飞椽高度略少于宽度即可。

2. 椽间距

设计椽子时都是先按一椽一当计算,即放置一个椽子、空一个椽当,椽当宽度默认和椽子宽度相等。椽当宽度一般不小于椽子宽度,可以略宽于椽子。

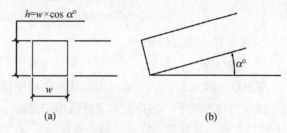

图 3-22 确定飞椽正立面尺寸

(a)飞椽正立面;(b)飞椽侧立面

3. 飞椽靠边

在绝大多数硬山建筑中,靠近墙体的第一根椽子,并不完全贴近墙体,要留有一定的空隙。空隙尺寸在半个椽径左右,不大于一个椽径。

4. 飞椽居中

1)单开间

只有一个开间的硬山建筑如广亮大门,椽当居中对齐建筑物正中线。绘图时先绘制从戗檐到椽当居中的部分,再用镜像命令绘制另外一半。

2)多开间

多开间的建筑,椽当对齐柱中居中,并且椽当对齐开间中线居中。绘图时墙到开间中线,开间中线到柱中线,柱中线到下一个开间中线,分开计算并绘制。如图 3-23 所示。

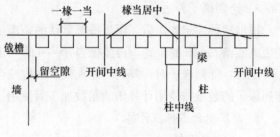

图 3-23 椽子的排列和居中

3.5.3 椽当计算

1. 计算椽当定义

(1)椽子宽度为 w。

(2)椽当宽度为 a,默认情况下椽子与椽当距离相等,即 $a=w$。

(3)一椽一当的距离为 $w+a$,组数为 n。

(4)靠墙首个椽子与墙之间的空隙为 b,b 在 1/3 椽当到 1 个椽当之间较为美观。

(5)阵列总长为 L,指墙体到开间中线的距离,或柱中到开间中线,如图 3-24 所示。

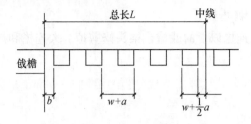

图 3-24 戗檐到中线椽当计算

（6）椽当计算公式：阵列总长 L 由空隙 b、n 组一椽一当、一个椽径、半个椽当组成。
即公式：

$$L = b + n \times (w + a) + w + \frac{1}{2}a \qquad\qquad (\text{式 3-1})$$

2. 理想状态椽当计算

1）理想状态

理想状态就是按默认一椽一当，从梢间居中位置去掉半个椽当和一个椽径，向戗檐方向按一椽一当排列椽子，当排列到靠近戗檐的最后一个椽子时，所留空隙 b 正好在 1/3 椽当到 1 个椽当之间。这样就可以确定椽径距离就是椽当距离。

2）理想状态计算

按椽当计算公式，预设 $a = w$，求出 b。

例：总长 $L = 1690$、椽径 $w = 70$、椽当默认 $a = 70$。

① 总长先去掉一个椽径和半个椽当的距离：$1690 - 70 - 35 = 1585$。

② 剩下的长度除以一椽一当的距离，余数即为 b：$1585 \div 140 = 11 \cdots\cdots 45$。

③ 计算说明剩下的长度可以排 11 组"一椽一当"，距离戗檐还有 45 的距离。

④ $b = 45$ 正好在 1/3 椽当到 1 个椽当之间，符合理想状态。

3）绘制椽子方法

排出这种理想状态后，椽当按照默认的距离确定，即 $a = w = 70$。绘图时先把椽子复制到距离戗檐 $b = 45$ 的位置，再按椽当 $a = 70$ 阵列椽子。

注意：阵列椽子时，阵列的距离按"一椽一当"计算。因为事先去掉了一个椽子，所以阵列椽子的数量按使用计算出的组数加 1 后使用。

3. 非理想状态椽当计算

1）非理想状态

非理想状态是指按默认椽当计算阵列后，b 值太大空隙超过一个椽径，导致下一个椽子撞到戗檐里面，如图 3-25（a）所示。或者 b 值小于 1/3 椽径，椽子太过接近戗檐，如图 3-25（b）所示。

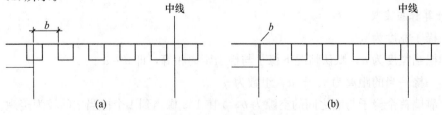

图 3-25 椽子排出非理想状态

2）非理想状态计算

（1）出现非理想状态时，预先确定 b 的值，然后套用公式计算出椽当。b 值一般取 1/3 椽径或 1/2 椽径。

（2）预设 $a=w$，带入公式计算出一椽一当的组数 n，n 向下取整数。

（3）将 n 带入公式，以 a 为未知数，计算取得椽当。椽当精确到小数点后 4 位数。

例：本章要绘制的图形，从饿檐到大门中线距离 $L=1880$，椽径 $w=70$。

经过计算 $b=95$ 是非理想状态。

① 确定 $b=1/2w$，即 $b=35$，预设 $a=w$，代入公式计算。

1880＝35＋n（70＋70）＋70＋35

计算得出 $n=12.42$，向下取整 $n=12$。

② 将 $n=12$ 代回公式，计算 a。

1880＝35＋12×（70＋a）＋70＋0.5a

计算得出 $a=74.8$。

3）绘制椽子方法

绘图时先把椽子复制到距离饿檐 $b=35$ 的位置，再按椽当 $a=74.8$ 阵列椽子。

4. 柱中线到开间中线椽当计算

1）柱中线到开间中线

柱中线到开间中线 L 的距离，由 n 组一椽一当、一个单个的椽子、两个"半椽当"组成。单个的椽子和两个"半椽当"正好组成一个"一椽一当"。如图 3-26 所示。

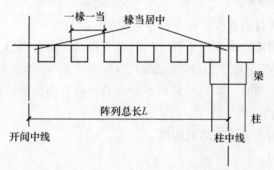

图 3-26 柱中线到开间中线椽当计算

2）计算公式

$$l=n\times(w+a) \tag{式 3-2}$$

3）计算方法

（1）预设 $a=w$，带入公式计算出一椽一当的组数 n，n 向下取整数。

（2）将 n 带入公式，以 a 为未知数，计算取得椽当。椽当精确到小数点后 4 位数。

例：柱中线到开间中线距离 $L=2100$、椽径 $w=80$、预设 $a=w$。

① 2100＝n×（80 ＋ 80）

计算得出 $n=13.125$，向下取整，13。

② 2100＝13×（80＋a）

计算得出 $a=81.5385$，保留小数点后 4 位。

③ 半椽当 $1/2a = 40.7693$。

4）绘制椽子方法

绘图时先把椽子复制到距离中线 $1/2a = 40.7693$ 的位置，再按椽当 $a=81.5385$ 阵列椽子。

以上计算模型可以使用 Excel 自动计算出，在附带文件中，包含 Excel 椽当计算器。计算器中的公式请读者自行研究。

3.5.4　阵列椽子

1. 阵列命令（矩形）

（1）命令 Arrayrect。

（2）工具栏：▦。

（3）菜单："修改"→"阵列"→"矩形阵列"。

（4）基本操作：执行命令、选择阵列对象、指定圆心完成阵列。

在完成阵列后，系统会弹出"阵列创建"工具栏，做进一步设置。在工具栏最左侧显示阵列类型"矩形"。如图 3-27 所示。

图 3-27　矩形阵列菜单

（5）矩形阵列其他设置：

① 行列数：阵列项目的总数，这个数字包含第一个原始图形。

② 介于：指阵列间距，阵列间距是阵列项目本身的距离和项目之间的距离组成。例如阵列椽子，阵列间距就是由椽子加椽当组成的。

③ 介于值：值为正值时，阵列图形列方向向右、行方向向上；值为负值时，阵列图形列方向向左、行方向向下。

④ 阵列设置完成后点击关闭阵列按钮。

2. 阵列椽子

按照非理想状态计算椽当的例题，使用例题中的数据进行绘制，操作如下：

① 确定椽子立面尺寸，使用矩形工具绘制。椽子尺寸：70×66。

② 将椽子移动到距离饿檐 b 的位置，$b=35$。

③ 矩形阵列椽子：行数 1，列数 13（计算出的 n 再加 1），介于值：144.8（一个椽径 70 加一个椽当 74.8 的距离）。

镜像阵列好的椽子到另外一侧，基点选择中线，如图 3-28 所示。

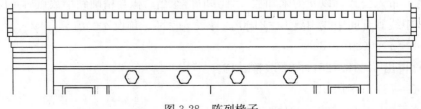

图 3-28　阵列椽子

3.6 屋 面

硬山古建屋面有很多种类，屋面包括正脊的做法、瓦的做法、排山勾滴的做法等。本章绘制的广亮大门，正脊为元宝过垄脊做法，筒瓦屋面，垂脊为披水排山脊。

3.6.1 垂脊端部

1. 椭圆命令

（1）命令 Ellipse，命令缩写"EL"。

（2）工具栏：。

（3）菜单："绘图"→"椭圆"，快捷键 Alt＋D＋E。

（4）基本操作：执行命令、指定第一个轴的两个端点、指定第二个轴的端点。或者先指定椭圆中心，再分别指定两个轴的端点。如图 3-29（a）所示。

（5）其他：椭圆也有象限点，但不像圆或圆弧的象限点永远在上、下、左、右四个正方向，椭圆的象限点会随椭圆倾斜，指向两个轴的端点。如图 3-29（b）所示。

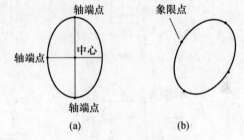

图 3-29 椭圆定义

2. 拉长命令

（1）命令 Lengthen，命令缩写"LEN"。

（2）工具栏：。

（3）菜单："修改"→"拉长"，快捷键 Alt＋M＋G。

（4）基本操作：执行命令、输入拉长的［数值（DE）］或［百分比（P）］，点击需要拉长的对象。

（5）命令说明：指定拉长数值后，点击对象的哪一端，就可以拉长哪一端，拉长可以连续进行。数值是正值进行向外侧拉长，数值是负值对象向内侧缩短。

3. 垂脊端头

（1）垂脊端头位于垂脊的末端，小式黑活建筑垂脊端头从下到上由圭角、瓦条、盘子、眉子组成。倾斜角度在 15°～45°之间选择。如图 3-30 所示。

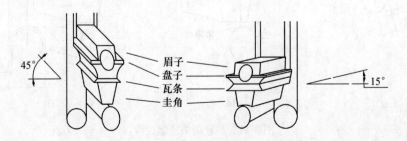

图 3-30 垂脊端头

（2）绘制垂脊端头由直线和椭圆组成，使用直线、偏移、拉长、椭圆等命令即可绘制完成。需要注意的是最上面眉子的宽度，它要和垂脊的宽度保持一致。

4. 绘制垂脊端头绘制方法

（1）绘制垂脊端头，从圭角自下而上绘制，构件居中对齐。

（2）选择倾斜角度，所有向后投影线均按照该角度绘制。

（3）确定正垂脊宽度，即眉子宽度。

（4）按筒瓦的尺寸，绘制第一组筒瓦。

5. 绘制垂脊端头

按圭角、瓦条、盘子、眉子从下至上的顺序绘制垂脊端头。具体步骤略。如图 3-31 所示。

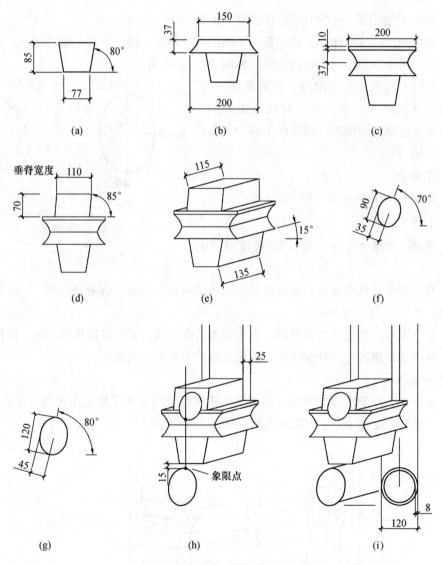

图 3-31　垂脊端头绘制过程

（a）圭角；（b）瓦条；（c）盘子；（d）眉子；（e）向后画斜线；（f）椭圆尺寸；
（g）勾头；（h）向上延伸出垂脊；（i）第一垄瓦

3.6.2　垂脊及屋面

1. 确定垂脊端头的水平位置

1）垂脊在面宽方向

垂脊中线在墙体以内，垂脊外侧的铃铛排山超过山墙即可。筒瓦屋面一般以瓦当居中，瓦当默认和瓦同宽。瓦当宽度可以略大于筒瓦宽度。

（1）取墙体中线到面宽中线的距离作为预设长度，设计瓦当默认宽度为筒瓦宽度。

例如：本图中预设长度为 2075。瓦宽 120，瓦当默认 120。

（2）计算大概能放下几组瓦。

$2075 \div (120+120) = 8.6458$，向下取整 8 组。

（3）适当增加瓦当，使总尺寸略大于预设长度即可。

原瓦当 120，适当增加至 132、140 等。

（4）按增加后的瓦当计算新的总尺寸。

（瓦宽＋瓦当）＋1/2 瓦当＝总尺寸。

设计瓦当宽度 132，总长＝$8 \times (120+132)+66=2082$，略大于 2075 即可。

瓦当 Excel 计算器中，输入预设长度、瓦宽后自动进行计算，可以根据实际情况选择一个合适的瓦当使用。瓦当增加不宜过大，否则垂脊中线超出墙体以外。

2）确定垂脊的高度

大连檐以上是瓦口，瓦口之上就是瓦的标高。本图中预设筒瓦中心到连檐高度 150，绘制好 W 面图之后可再调整。如图 3-32 所示。

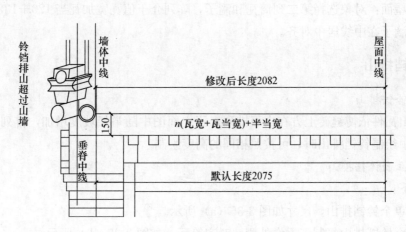

图 3-32　确定垂脊端头的位置

2. 缩放命令

（1）命令 Scale，命令缩写为"SC"。

（2）工具栏：▱。

（3）菜单："修改"→"缩放"，快捷键 Alt＋M＋L。

（4）基本操作：执行命令、选择对象、指定基点、输入比例因子。

（5）命令说明：基点指在缩放过程中不动的点。

（6）比例因子：指缩放的倍数。2 表示放大至原来的 2 倍，0.5 表示缩小至原来的 0.5 倍。也可以输入计算式：目标尺寸/原尺寸，意思是除以原尺寸再乘以目标尺寸。

3．绘制滴瓦

滴瓦可以使用圆弧工具自行绘制，也可以使用附带文件中的滴瓦样本。滴瓦样本尺寸 120，按比例放大至 150 使用。按设计好的瓦当绘制第二垄筒瓦。操作如下：

① 按比例放大滴瓦样本，比例因子输入 150/120。如图 3-33（a）、（b）所示。

② 将放大好的滴瓦复制到筒瓦中间，修剪掉筒瓦覆盖的滴瓦。如图 3-33（c）所示。

③ 将滴瓦复制到第一垄筒瓦和垂脊端头中间，按遮蔽修剪。如图 3-33（d）所示。

4．绘制垂脊上部、筒瓦

画上方弧线，筒瓦弧线向上，瓦当之间弧线向下。筒瓦最高处标高 5.05 米，按图示尺寸绘制垂脊上部。如图 3-34 所示。

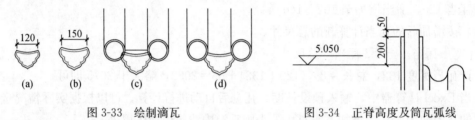

图 3-33　绘制滴瓦　　　　　　　图 3-34　正脊高度及筒瓦弧线

5．阵列屋面

操作如下：

① 阵列屋面：对象选择第二列筒瓦和滴子，阵列介于值瓦宽加瓦当 120＋132。

② 处理滴子在中线居中对齐。

3.6.3　铃铛排山

1．排列铃铛排山

铃铛排山瓦件依博缝砖上方在山面排列，正立面图中随举架坡度增加，排列密度不同。在正立面图中绘制铃铛排山时，可按照相同的高度绘制。

2．绘制立面铃铛排山

操作如下：

① 绘制单个铃铛排山，尺寸如图 3-35（a）所示。

② 将单个铃铛排山复制到垂脊外侧，对齐筒瓦。如图 3-35（b）所示。

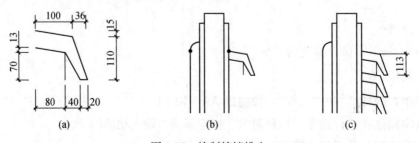

图 3-35　绘制铃铛排山

③ 将铃铛排山向下阵列，阵列尺寸为－113。阵列到垂脊端部，并做修剪。如图 3-35（c）所示。

3.6.4　勾勒外框线

1. 分解命令

（1）命令 Explode，命令缩写为"X"。

（2）工具栏： 。

（3）菜单："修改" → "分解"，快捷键 Alt＋M＋X。

（4）基本操作：执行命令、选择对象、回车确认。

2. 建筑物外框线

（1）建筑正立面图完成后，通常用粗线表示建筑物最外侧轮廓线。

（2）选定最外侧轮廓的各个构件时，会发现有些对象是一个整体，不能被局部选定。如阵列的对象需要炸开的，就是用分解命令炸开；独立对象的就使用"打断于点"命令将线打断；整圆可以使用"打断"命令指定打断两点，然后再补画被打断删掉的那部分弧线。

3. 整理正立面图

操作如下：

① 将屋面镜像到另外一侧。

② 新建轮廓线层，线宽宽度 0.7，将建筑物外轮廓线选定，放入该层。

至此第 3 章主要图形绘制完毕，如图 3-36 所示。

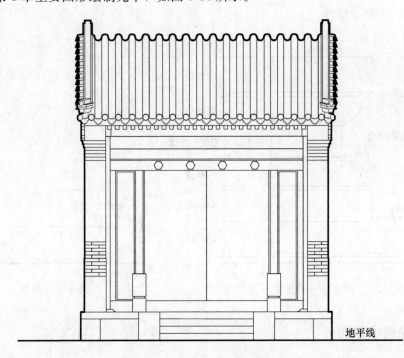

地平线

图 3-36　正立面成图

3.7 习　　题

3.7.1　花瓦顶

练习命令：弧、偏移、阵列等。

尺寸：弧半径 110，瓦厚 10，小圆直径 28，外框宽 20。

如图 3-37 所示。

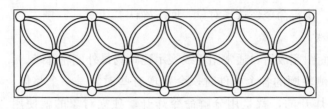

图 3-37　花瓦顶

3.7.2　须弥座

练习命令：弧、须弥座画法。

如图 3-38 所示。

3.7.3　角背

练习命令：倒角、镜像。

如图 3-39 所示。

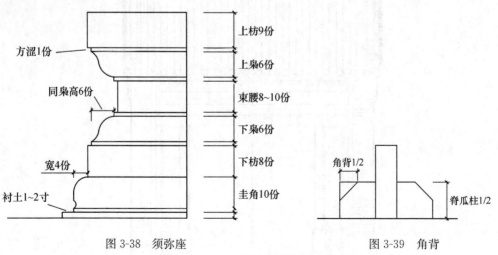

图 3-38　须弥座

图 3-39　角背

3.7.4　什锦窗示意图

练习命令：偏移、正多边形、修剪等。

如图 3-40 所示。

3.7.5　合瓦屋面

练习命令：弧、偏移、阵列。

如图 3-41 所示。

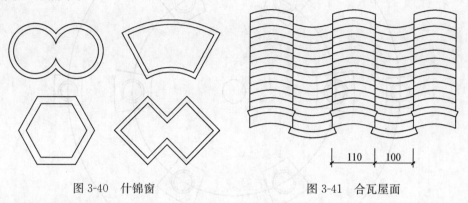

图 3-40　什锦窗　　　　　　　图 3-41　合瓦屋面

3.7.6　阵列椽子计算

练习命令：椽当计算、矩形阵列、椽当计算器使用。

在练习文件中有三组木屋架正立面图：

(1) 单开间，戗檐到中线距离 1950，椽径 70。

经计算，符合理想状态。b 取 25，椽当取 70。

(2) 单开间，戗檐到中线距离 2000，椽径 80。

经计算，$b=120$ 不符合理想状态。

故 b 取 1/2 椽径=40，椽当 86.9565，半间可放下 12 组椽子。

(3) 七开间，梢间戗檐到中线尺寸 1780，中线到下间柱中 1800，次间开间 3900、4200，明间开间 4800，椽径 110。

经计算，梢间戗檐 $b=75$ 符合理想状态。梢间中线到下间柱中距离 1800，椽当 115 阵列 8 组椽子。次间 3900 半开间 1950，椽当 133.75 阵列 8 组椽子。次间 4200 半开间 2100，椽当 123.3333 阵列 9 组椽子。明间半间 2400，椽当 130 阵列 10 组椽子。

3.7.7　六角亭柱网结构

练习命令：圆、环形阵列。

使用之前练习的柱顶石环形阵列。如图 3-42 所示。

3.7.8　缩放门窗

练习命令：缩放命令。

现有门窗宽度 740，使用缩放命令放大缩小至如下尺寸。如图 3-43 所示。

(1) 放大宽度 1020。

(2) 缩小宽度 340。

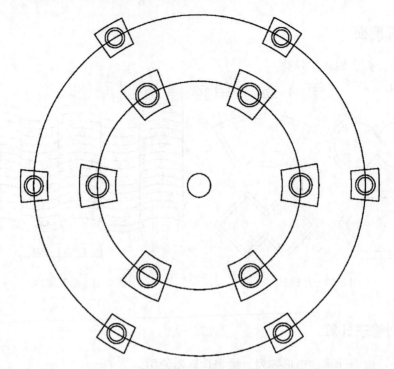

图 3-42　圆亭柱网结构

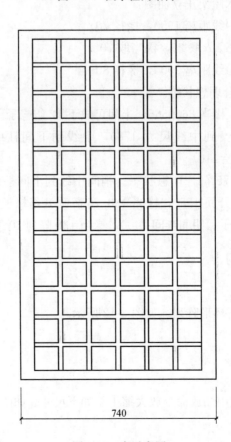

740

图 3-43　窗示意图

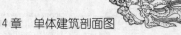

第 4 章　单体建筑剖面图

本章要点

　　本章继续上一章的广亮大门，依据 H 面与 V 面的投影关系，绘制剖面图。本章介绍的修改命令有：路径阵列、拉伸命令。重点内容是绘制木结构举架、飞椽出檐、屋面曲线。

4.1　台　　基

4.1.1　准备 W 面

1. 准备 W 面

使用第 3 章准备好的 W 面制图，并且将 A、B、C 轴投影至 W 面。如图 4-1 所示。

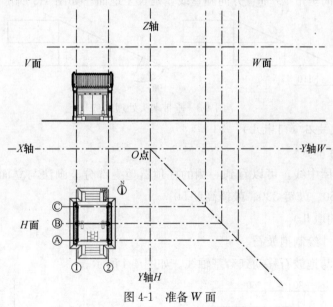

图 4-1　准备 W 面

2. 剖切位置

在房屋中线位置进行剖切，向东侧（右侧）观看，并在 H 面和 V 面画剖切符号。

4.1.2　台基石作

1. 台基

（1）方法一：使用 H 面和 V 面图形，向 W 面投影，画出台基。

（2）方法二：直接使用矩形工具按尺寸绘制，台基尺寸：5140×520。

（3）两种在 W 面作图的方法，各有优缺点。第一种投影绘制方法比较准确，但相对较慢。在明确尺寸的情况下使用第二种方法，相对较快。在绘图过程中，按实际情况灵活使用这两种方法。

2. 落心石和踏跺

1）落心石

落心石是台基居中的阶条石，与阶条石同宽。

2）踏跺尺寸

按三步顶角排列，下方台阶与地面高度持平，上方台阶对齐台基。如图 4-2 所示。

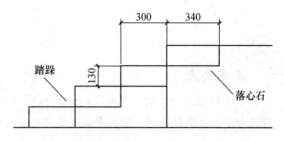

图 4-2　落心石与踏跺

3. 绘制垂带

1）垂带

垂带大多是一整块石材，在垂带靠近地面的部分并不是直接延长至地面，而是要做成斜角插入到燕窝石预留的垂带窝中。

2）绘制垂带

（1）从落心石顶角，沿踏跺顶角连线画垂带，并且延长到地面。

（2）从地面向垂带内侧反 110，向上切除。

（3）从切除点向垂带 90°垂直方向画直线，延长至地面。如图 4-3 所示。

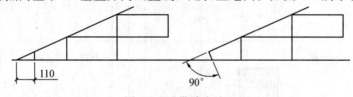

图 4-3　垂带端头处理

4. 柱顶石与抱鼓石（门墩儿）

1）柱顶石地上部分

剖切位置在房屋中线，可以看到一侧的柱顶石地上部分。画法与立面图柱顶石画法相同。尺寸：顶石 460、鼓镜 330、鼓镜高度 50。

2）抱鼓石（门墩儿）

（1）按图示尺寸绘制抱鼓石。

（2）将柱顶石与抱鼓石移动到台基轴线。如图 4-4 所示。

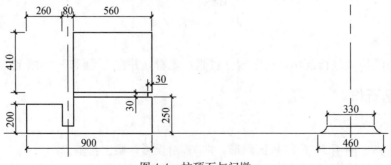

图 4-4　柱顶石与门墩

5. 组合台基石作部分

至此，台基石作部分绘制完毕。如图 4-5 所示。

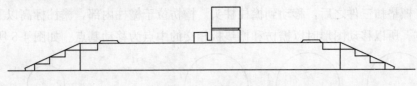

图 4-5 台基石作

6. 切换剖切位置

根据剖切位置不同，可能会剖切到柱顶石、斗板、磉墩等台基内部构件，可根据如下尺寸练习绘制。阶条石 340×130、斗板尺寸 150×390、柱顶石地下 460×150、磉墩 520×370，象眼使用偏移命令向内侧偏移两次，尺寸分别为 50 和 20。如图 4-6 所示。

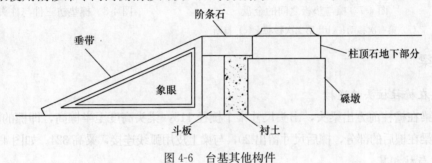

图 4-6 台基其他构件

4.2 木 构 架

4.2.1 檐柱和山柱

檐柱与山柱，预先按照柱头标高，使用矩形工具绘制。

（1）檐柱柱径 230，柱头标高 3190，减掉鼓境高度 50。

（2）山柱柱径 280，柱头标高 4556，减掉鼓境高度 50。

4.2.2 檐檩垫枋

1. 檩垫枋尺寸

（1）檐枋尺寸：184×230。

（2）檐垫板尺寸：60×184。

（3）檐檩尺寸：檐檩直径 230。

2. 檩和垫板之间的金盘

檐檩是圆的，不能直接落在垫板上。檩件下方须留出"金盘"，方便与垫板连接。操作如下：

① 移动檐檩，基点选择下方象限点，对齐垫板上方中点。如图 4-7(a) 所示。

② 再次移动檐檩，基点选择垫板向上延长线与檩的交点，对齐垫板顶角。如图 4-7(b) 所示。

③ 使用打断工具留金盘,选择 F 打断第一点为左侧点。如图 4-7(c)所示。

3. 组合檩垫枋

拼合好檩垫枋三件之后,移动到檐柱柱头。檐枋位于檐柱内部,檐柱标高以下。垫板位于檐柱上方。所以移动图形时以檐枋和檐垫板相交的中点为移动基点。如图 4-8 所示。

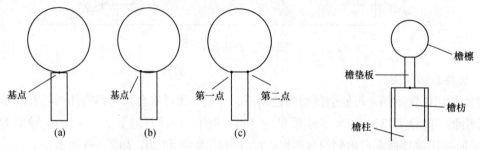

图 4-7　檩与垫板之间的金盘
(a) 第一次移动;(b) 第二次移动;(c) 打断

图 4-8　檩垫枋三件与柱头组合

4.2.3　梁

1. 梁在檐柱柱头的连接

(1) 梁在檐柱前方出梁头,出头尺寸半个檩径 115,梁头高度至半檩高,即檩的象限点。

(2) 梁在檩后的部分,檩后尺寸留出 20,与梁上皮用弧线连接,梁高 324。如图 4-9 所示。

2. 梁与柱相贯

很多古建构件在横纵方向相贯,这是中国传统建筑榫卯结构的特点。梁与柱的交接就体现出这个特点。梁要进入到柱里,梁的内侧要体现出"滚棱"的线,这几条线使用细线表示。如图 4-10 所示。

这种相贯的绘制方法,在其他构件绘制时也会用到。

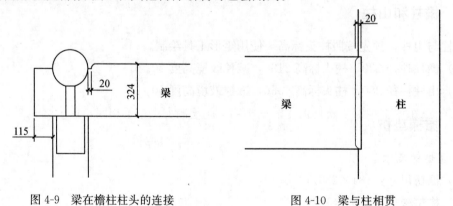

图 4-9　梁在檐柱柱头的连接

图 4-10　梁与柱相贯

4.2.4　金檩垫枋与瓜柱

1. 步架与举架

确定檩的位置要看步架与举架的关系。计算步架与举架是古建制图的基本能力。本章以五檩小式硬山为例,其他各种古建形式可参见古建筑木结构相关书籍。通过以下计算可确定金檩和脊檩的位置,绘制脊檩时可直接使用。

1）步架进深方向

（1）檐檩中线到金檩中线为檐步架的长度 $x1$。

（2）金檩中线到脊檩中线为脊步架的长度 $x2$。

（3）五檩小式硬山通常 $x1=x2$。A 轴至 B 轴尺寸 2000，故 $x1=x2=1000$。

（4）按檐步架尺寸 1000 偏移 A 轴，做一条辅助线，确定金檩位置。

2）举架高度方向

（1）檐檩下皮到金檩下皮为檐步架的高度 $y1$。

（2）檐步架"五举"，即 $y1=x1×0.5$，$y1=1000×0.5=500$。

（3）金檩下皮到脊檩下皮为脊步架的高度 $y2$。

（4）脊步架"七举"，即 $y2=x2×0.7$，$y2=1000×0.7=700$。

3）确定檩的位置

（1）从檐檩金盘中点画辅助直线，相对坐标"@$x1$"，$y1$ 即为金檩金盘中点。

（2）从金檩金盘中点画辅助直线，相对坐标"@$x2$"，$y2$ 即为脊檩金盘中点。

（3）金檩与檐檩直径相同，可将檐檩复制到辅助线端点。如图 4-11 所示。

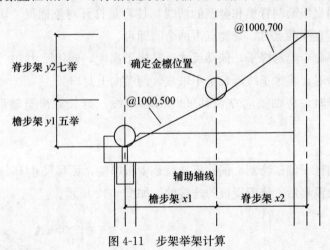

图 4-11　步架举架计算

2. 金垫板和单步梁

（1）金垫板在金檩下方，尺寸 60×150。

（2）单步梁下皮对齐垫板下皮，梁头和梁尾绘制方法与梁相同，单步梁高 290。

3. 金枋和瓜柱

（1）金枋尺寸：150×184。

（2）瓜柱尺寸：

① 瓜柱进深方向尺寸是单步梁的 0.8 倍，即 290×0.8=232。

② 瓜柱的高度就是两个梁之间的空间，即 210。瓜柱尺寸 232×210。

4.2.5　脊檩垫枋

1. 脊檩垫枋尺寸

脊檩和脊垫板的尺寸和金檩金垫板相同，可以复制金檩垫枋适用。

2. 脊檩垫枋与山柱的处理

如图 4-12 所示。

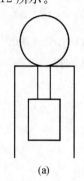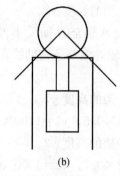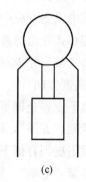

（a）　　　　　　　　　（b）　　　　　　　　　（c）

图 4-12　脊檩山柱的处理

4.2.6　椽子与望板

1. 椽子

（1）椽子使用直线绘制脊檩和金檩的切线，技巧是打开对象捕捉"切点"，并且关掉其他对象捕捉。指定直线两点时，只要点击两个圆即可。

（2）使用偏移命令绘制椽子，偏移尺寸就是椽子高度，偏移尺寸 70。

（3）绘制脑椽时，将椽子线延长至中轴线，两端向上封口。

（4）绘制檐椽时，将轴线向左偏移 600 为辅助线。延长檐椽至辅助线，并且将檐椽封口。

2. 望板

（1）望板使用椽子偏移绘制，偏移尺寸就是望板厚度，偏移尺寸 15。

（2）注意两次偏移后，修剪望板的连接处。如图 4-13 所示。

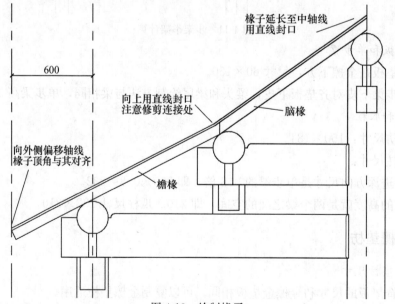

图 4-13　绘制椽子

4.2.7 大小连檐与飞椽

1. 小连檐

小连檐尺寸 60×30，按如下步骤移动：

① 以檐椽顶角为起点画小连檐。如图 4-14（a）所示。

② 以檐椽顶角为基点，旋转小连檐，角度同飞椽。如图 4-14（b）所示。

③ 移动小连檐，基点为小连檐上方顶点，对齐轴线。如图 4-14（c）所示。

④ 以小连檐为界，修剪望板。如图 4-14（d）所示。

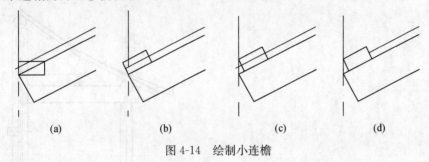

(a)　　　　　　(b)　　　　　　(c)　　　　　　(d)

图 4-14　绘制小连檐

2. 闸挡板

闸挡板尺寸 20×70，闸挡板位置小连檐居中。

3. 飞椽

操作如下：

① 飞椽出头占 1 份，飞椽尾部占 2.5 份。将轴线向内侧偏移 150 画飞椽尾部辅助线，向外侧偏移 900 画飞椽头部辅助线。

② 两点直线画飞椽上皮，一点取檐椽辅助线与闸挡板的交点，另一点取飞椽尾部辅助线与望板的交点，并将直线延伸至飞椽头部辅助线。

③ 向下方偏移 70，并且将飞椽修剪、封口。如图 4-15 所示。

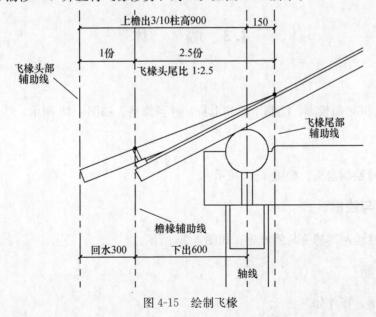

图 4-15　绘制飞椽

4. 飞椽望板与大连檐

飞椽望板厚 15。大连檐尺寸为 80×60。两边各留 15 做斜切。大连檐放置方法与小连檐相同，瓦口尺寸为 15×30。如图 4-16 所示。绘制步骤略。

4.2.8 槛框与门簪

槛框在中柱轴线宽度 80，可通过 V 面投影，画出下槛、中槛、门簪，走马板直至脊枋。门簪向前出尺寸 200，向后出尺寸 150，高度 20。

至此，木结构已基本绘制完毕，如图 4-17 所示。

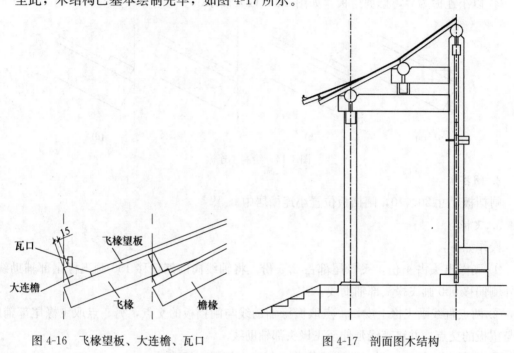

图 4-16 飞椽望板、大连檐、瓦口   图 4-17 剖面图木结构

4.3 墙　　体

4.3.1 墙体

根据 H 面和 V 面投影，绘制下碱和上身，并且修剪。如图 4-18 所示。

4.3.2 盘头

按图示尺寸绘制盘头。如图 4-19 所示。

4.3.3 博缝与戗檐

按图示尺寸绘制博缝头与戗檐砖。如图 4-20 所示。

4.3.4 廊心墙

绘制廊心墙，操作如下：

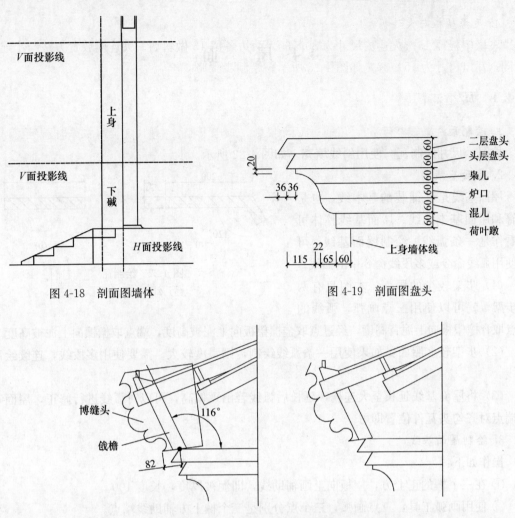

图 4-18　剖面图墙体

图 4-19　剖面图盘头

二层盘头
头层盘头
枭儿
炉口
混儿
荷叶墩
上身墙体线

图 4-20　立面图博缝头与戗檐砖

① 廊心墙上下高度同与墙体上身 1870，左右宽度同两柱之间墙体尺寸 1745。

② 向内侧偏移两次，尺寸分别为 100 和 60。如图 4-21（a）所示。

③ 上、下、左、右四条边等分 6 份。如图 4-21（b）所示。

④ 在等分点使用斜线绘制砖。如图 4-21（c）所示。

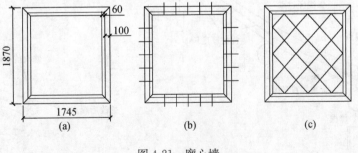

图 4-21　廊心墙

4.4 屋 面

4.4.1 瓦

1. 绘制瓦

按图示尺寸绘制瓦，使用斜线填充。如图 4-22 所示。

2. 屋面基线

屋面基线是瓦铺装的基本线，也是垂脊和屋面基本曲线。屋面基线整体可以看作是一条弧线。绘制屋面基线，可以使用弧线命令或多段线命令中的弧线。

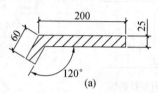
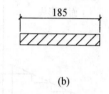

图 4-22　绘制瓦
(a) 勾头；(b) 瓦

（1）步架较少的屋面：本图只有两进步架，就可以使用三点画弧，弧线的起点取脊檩望板向上泥背高度，经过点取金檩望板向上泥被高度，端点取檐檩向上泥被高度。

（2）步架较多屋面：如果使用一条弧线绘制，则弧度较大。需要使用多段线，连续绘制弧线。

（3）将屋面基线延长至大连檐，延长后弧线若出现偏高，可以对弧线进行修正，屋面基线端点对齐勾头瓦件位置即可。

3. 绘制屋面基线

操作如下：

① 在三个檩的正上方，望板向上画辅助线，即泥被厚度，长度100。

② 使用画弧工具，三点画弧，三个点分别是三个檩上方辅助线端点。

③ 从大连檐向上画辅助线，将屋面基线延伸至辅助线。如图 4-23 所示。

④ 修正延长至大连檐的点：点击弧线后，再点击弧线端点，沿辅助线拖动该点到距离瓦口较近的位置。如图 4-24 所示。

⑤ 删除辅助线，完成屋面基线绘制。

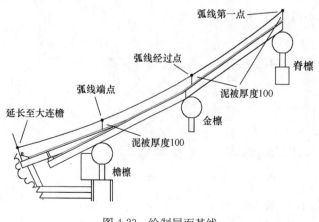

图 4-23　绘制屋面基线

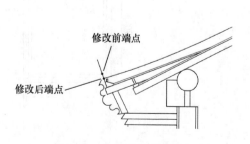

图 4-24　修正屋面基线端点

4. 阵列命令（路径）

将对象按照一条指定的线阵列的命令是"路径阵列"。

（1）命令 Arraypath。

（2）工具栏：⚏。

（3）菜单："修改"→"阵列"→"路径阵列"。

（4）基本操作：执行命令、选择阵列对象、指定路径对象。

（5）命令解释：命令中常用选项，定距等分和定数等分，是否对齐项目。

在完成阵列后，系统会弹出"阵列创建"工具栏。如图 4-25 所示。

类型	项目		行 ▾		层级			特性						关闭
路径	项目数：	36	行数：	1	级别：	1		关联	基点	切线方向	定距等分	对齐项目	Z方向	关闭阵列
	介于：	90	介于：	67.1872	介于：	1								
	总计：	3150	总计：	67.1872	总计：	1								

图 4-25 路径阵列工具栏

5. 阵列瓦

1）瓦的铺装

古建屋面铺装瓦件，为了防止漏雨，上一片瓦压住下一片瓦的 70% 并露出 30%，称为"压七露三"。再向上一片瓦也同样处理，所以在每一片瓦的正中处都有本身和上下各一片瓦，共三层，称为"三搭头"。

2）瓦阵列距离的确定

为了绘图美观，瓦件阵列距离可以按照略少于瓦长度的一半处理。如瓦长度 185，阵列距离尺寸介于值为 90。

3）阵列瓦

操作如下：

① 将瓦件复制到大连檐处。

② 点击路径阵列命令，选择对象：瓦件，选择路径：屋面基线。

③ 定距等分，介于值：90；打开对齐项目选项。

④ 路径阵列的项目，修改路径对象的位置，阵列项目也会随着改动。

6. 修改脊部瓦件

操作如下：

① 若选择阵列关联，则将阵列的瓦件分解成单个对象。

② 从最高处删掉几组瓦，隐藏屋面基线。如图 4-26（a）所示。

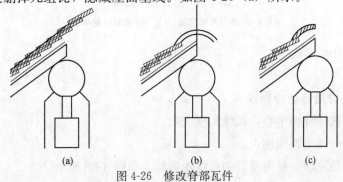

（a）　　　　　　（b）　　　　　　（c）

图 4-26 修改脊部瓦件

③ 从中间轴线向上做辅助线，画弧，偏移瓦厚25。如图4-26（b）所示。

④ 修剪瓦件，并删掉辅助线。如图4-26（c）所示。

4.4.2 绘制屋面

1. 古建正脊

（1）古建正脊大致分为两种形式，一种是有明显正脊的屋面，另一种是使用瓦件自然形成正脊的过垄脊，又称元宝脊。

（2）有明显正脊的屋面，剖面图相对好画，绘制时将正脊剖面中线对齐轴线，找准投影标高即可。

（3）过垄脊绘制重点是在垂脊最高处的弧线如何处理。

2. 垂脊高处绘制方法

（1）使用V面投影，画建筑物垂脊最高处辅助线。若先绘制剖面图，则要先确定一正脊最高处标高。一般小式过垄脊，可沿脊檩上皮向上加2.5~3檩径。

（2）在最高处绘制弧线，弧线角度从30°~45°之间，即整个垂脊最高处的弧线角度在60°~90°之间。弧线圆心在轴线上，脊檩圆心向上、望板向下之间，按美观程度选用。

（3）将屋面基线偏移到弧线端点，使用偏移命令中的［通过（T）］选项。如图4-27所示。

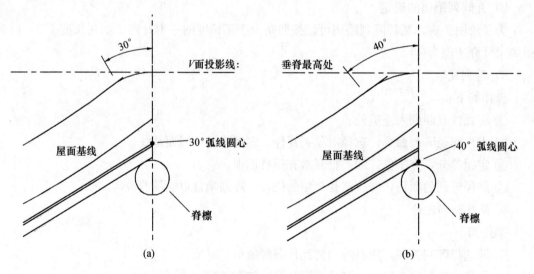

图4-27　垂脊顶部弧线

（a）30°垂脊外轮廓线；（b）40°垂脊外轮廓线

3. 绘制垂脊外轮廓线

操作如下：

① 画V面垂脊最高处投影线。

② 弧线圆心选择脊檩中心，弧线角度33°。

③ 偏移屋面基线至弧线端点。

④ 使用"圆角"命令修剪垂脊和弧线相接处。如图4-28所示。

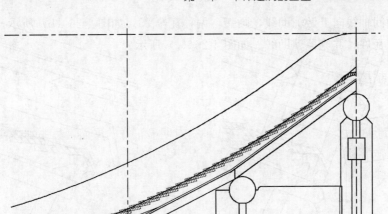

图 4-28 绘制垂脊外轮廓线

4. 偏移外轮廓线

（1）使用合并命令，将外轮廓线拼合成一个多段线对象。

（2）按立面图垂脊端头投影尺寸偏移外轮廓线。

（3）飞椽端头向上伸长，把所有曲线延长至这条辅助线。如图 4-29 所示。

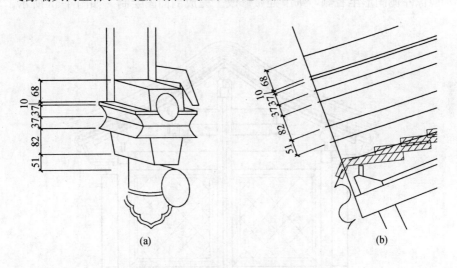

图 4-29 偏移垂脊外轮廓线

（a）立面图细部尺寸；（b）偏移延伸曲线

5. 垂脊端头

（1）按图示绘制垂脊端头。如图 4-30 所示。

（2）画垂脊端头象鼻，附带文件中有已经画好的图形，可复制使用。如图 4-31 所示。

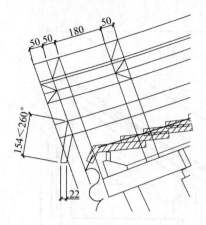

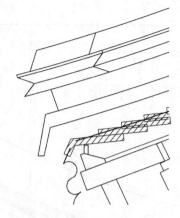

图 4-30　绘制垂脊端头

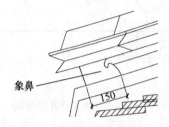

图 4-31　绘制象鼻

6. 镜像屋面

（1）象鼻后还有一条屋脊线，将屋脊线偏移至此。

（2）镜像左侧图形至右侧，细节处做修改。完成剖面图绘制。如图 4-32 所示。

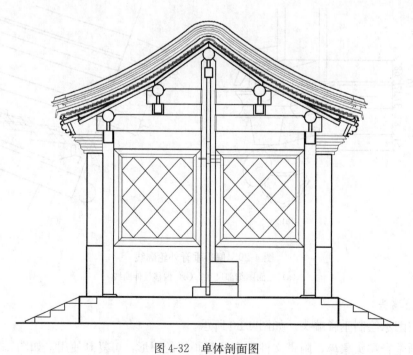

图 4-32　单体剖面图

4.5　侧立面图

4.5.1　准备侧立面图

复制剖面图，删除木构架及瓦件。如图 4-33 所示。

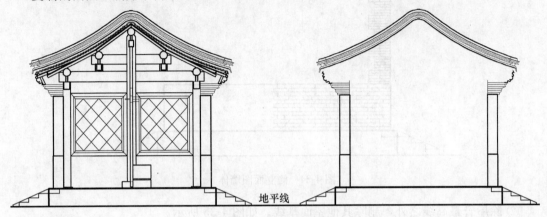

地平线

图 4-33　准备侧立面图

4.5.2　墙体

1. 下碱

（1）分解下碱墙体。

（2）连接墙体两端花碱线。

（3）下碱排砖：

① 下碱排砖可使用"三顺一丁"形式。

② 可以不满画图形，只画一部分砖，并且标注砖尺寸、做法、层数即可。

③ 复制过来的砖体可能与下碱高度有出入，可以使用缩放命令调整砖的尺寸。

2. 上身

（1）删除一侧上身墙体及屋面。

（2）分解上身墙体，删除内侧墙体线。

（3）上身排砖：

① 硬山建筑上身墙体，侧立面一般使用"五出五进"排砖形式。

② 复制过来的砖体可能与上身高度有出入，可以使用缩放命令调整砖的尺寸。

③ 如果不使用石挑檐形式，需要注意盘头排砖。如图 4-34 所示。

4.5.3　屋面

1. 屋面基线

操作如下：

① 偏移屋面基线至博缝头最高最低点、头层盘头、二层盘头。

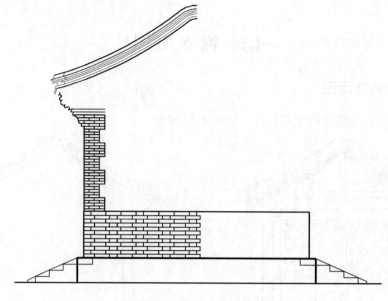

图 4-34　侧立面图墙体

② 除屋脊最高线之外，删除其他屋面基线。如图 4-35 所示。

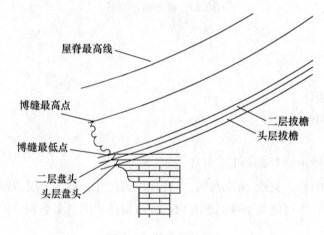

图 4-35　偏移屋面基线

2. 垂脊端头

操作如下：

① 将正立面图垂脊端头复制到屋脊最高线。

② 将屋脊线偏移到垂脊端头各部位。如图 4-36（a）所示。

③ 按图示修剪整理各线条。如图 4-36（b）所示。

3. 绘制铃铛排山

1）准备瓦件

操作如下：

① 将垂脊端头的勾头向外侧偏移 10。

② 铃铛排山可使用正立面图中的滴瓦勾头，取两组勾头和中间一组滴子使用。

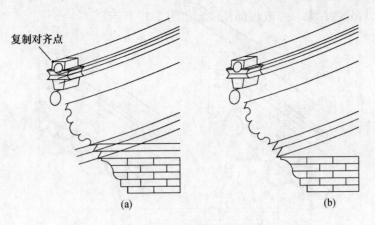

图 4-36　侧立面垂脊端头

③ 勾头两侧向上画直线 50，并画半圆封口，滴瓦同样处理。如图 4-37（a）所示。

④ 从圭角后方向下画辅助线，与偏移至博缝头上方的屋面基线相交。

⑤ 复制勾头滴子，基点选择勾头圆心，复制到辅助线交点。如图 4-37（b）所示。

⑥ 旋转勾头滴子，基点选择勾头圆心，旋转至另一勾头圆心至屋面基线。为了方便绘图，在这里给出旋转角度 18°，如图 4-37（c）所示。

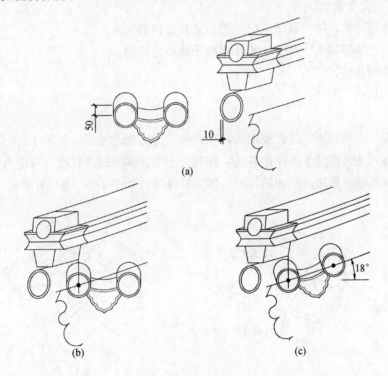

图 4-37　侧立面铃铛排山

2）阵列介于值的确定

① 介于值应小于一个滴瓦加一个勾头的尺寸，不至于在滴瓦和勾头之间出现空隙。

② 按照"滴子坐中"或"勾头坐中"的不同形式，适当调整介于值。

③ 阵列之后分解对象，修改顶部瓦件。如图 4-38 所示。

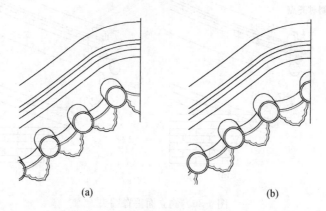

(a)   (b)

图 4-38　阵列值适应铃铛排山坐中形式

（a）滴子坐中；（b）勾头坐中

3）阵列勾头滴瓦

操作如下：

① 使用路径阵列命令，阵列路径为博缝最高处的屋面基线，阵列对象选择一个勾头和一个滴瓦，阵列介于值 235。

② 分解阵列对象，按"滴子坐中"的形式修改顶部瓦件。

③ 修改垂脊端部勾头的滴子，将普通滴子缩小后使用。

④ 删除阵列基线。

4）绘制博缝砖

操作如下：

① 博缝头"三勾五洒"连接辅助线，除六乘七为博缝砖宽度。如图 4-39（a）所示。

② 路径阵列选择博缝下方屋面基线，阵列介于值选择博缝砖宽度，并适当调整。

③ 按脊部博缝砖做法修正砖的排列，删除辅助线。如图 4-39（b）所示。

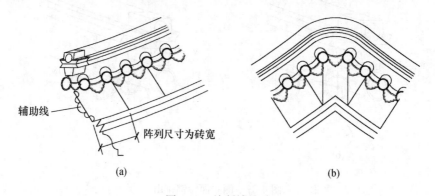

辅助线

阵列尺寸为砖宽

(a)   (b)

图 4-39　绘制博缝砖

4. 镜像墙体屋面

将上身墙体和屋面镜像到另外一侧，修剪拔檐相交处。如图 4-40 所示。

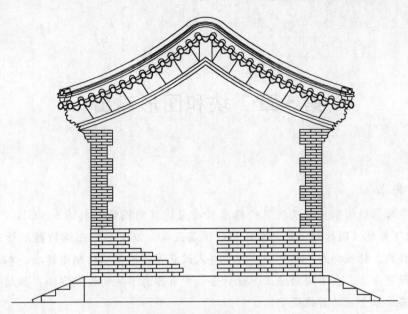

图 4-40　侧立面图

4.5.4　修改正立面图

绘制正立面图时，一些尺寸有时并不准确，剖面图绘制后，可按照剖面图投影修改。修改图形时大多数使用拉伸命令和鼠标拖动修改两种模式。

1. 拉伸命令

（1）命令 Stretch，命令缩写为"S"。

（2）工具栏：▱。

（3）菜单："修改"→"拉伸"；快捷键：Alt＋M＋H。

（4）基本操作：执行命令、选择拉伸对象、指定基点、指定拉伸方向和尺寸。

（5）重点难点：拉伸命令选择对象时，必须是从右向左的方式进行选择，鼠标选定框内的图形节点，就会跟着拉伸命令移动位置。同一个对象，不被鼠标框框住的图形节点，原地不动。

2. 鼠标拖动修改

鼠标点击已经绘制好的图形，图形节点处会出现蓝色点。再单击蓝色点可拖动鼠标修改图形，此时也可以通过键盘输入尺寸的方法修改图形。

第5章　块和图形输出

本章要点

本章内容参照国家对建筑制图的标准《房屋建筑制图统一标准》（GB/T 50001—2010）（以下简称《国标》）。第2章介绍的图层设置，以及本章介绍的图纸标题栏的书写、文字样式、标注样式、颜色相关打印样式设置等，均参照该制图标准，本书中所介绍的只是设置方法。在不同的施工、设计企业中有各自不同的设置方法。初到企业的绘图人员应咨询本企业的具体规定。

5.1　图　　块

在CAD绘图过程中，大多数固定的图形，都是靠插入图块进行绘图的。图块可以在一个文件内使用，也可以跨文件使用。图块还可以按照需要进行变形。

5.1.1　定义图块

1. 创建块命令

（1）命令 Block，命令缩写"B"。

（2）工具栏：。

（3）菜单："绘图"→"块"→"创建"，快捷键 Alt＋D＋K＋M。

（4）基本操作：执行命令弹出"块定义"对话框。如图 5-1 所示。

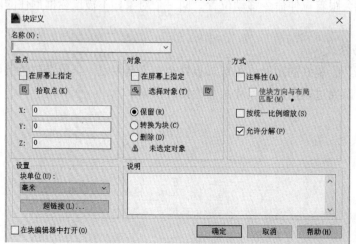

图 5-1　块定义对话框

① 名称：在名称框内输入块的名称，块的名称最好简洁明了，方便插入块的时候使用。在名称内可以简单注明块内图形的尺寸，方便插入块时根据实际情况选择。

例如：把博缝头储存为块，就可以将砖的尺寸写在名称里，如"博缝头 400"。

② 基点：基点指块在以后使用时，插入块后移动的基点，通常使用"拾取点"根据实际情况选择。

③ 对象：点击选择对象按钮，回到绘图区域选择定义成块的对象。"保留""转换为块""删除"这三个选项是指完成定义块后，图中原有的图形将如何处理。

④ 说明：在说明框中输入对这个块的介绍，及其他详细信息。

⑤ 按统一比例缩放：是指定义的块是否锁定长宽比例。

⑥ 允许分解：一般在块定义成功后，块内图形就成为一个整体对象。块中的任何一个图形都不能单独修改，需要使用分解命令炸开图块后，才能进一步操作。这个选项就是确定这个块是否允许分解。

2. 定义图块

定义博缝头图形为块。（具体操作略）

随着画图人员绘制数量的积累，图块会越来越多，绘图也会更快。

5.1.2 插入图块

1. 插入块命令

（1）命令 Insert，命令缩写为"I"。

（2）工具栏：⬚。

（3）菜单："插入" → "块"，快捷键 Alt＋I＋B。

（4）基本操作：执行命令弹出"插入块"对话框。如图 5-2 所示。

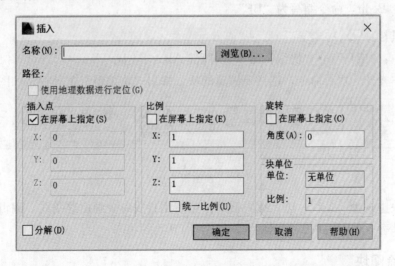

图 5-2　插入块对话框

① 名称：在名称栏中输入要插入块的名称，或者按下拉菜单进行选择。

注意："浏览"按钮，点击后进入选择文件的窗口，这个命令不是选择其他文件中的块，而是将另外一个文件整体当做一个块插入进来。

② 插入点：选择在屏幕上指定。这个点就是定义块时选择的基点。

③ 比例：可在插入时在屏幕上指定，也可以填写在对话框中"X"和"Y"的后面。X和 Y 的数字是图形在 X 轴和 Y 轴上放大缩小的比例数字。如果选择统一比例，那么就只可以填写一个 X 的数字。

另外，如果要把一个对象，变形填充到另外一个尺寸的区域中。应该先确定好块的尺寸和目标位置的尺寸，输入时按照"目标尺寸/块尺寸"分别输入 X 和 Y 的比例数字。

例如：将一个尺寸 300×400 的块，变形填充到 500×200 的区域内，X 轴比例数字输入：500/300，Y 轴比例数字输入：200/400。

④ 旋转：选择图块是否进行旋转，可输入旋转的角度。

⑤ 分解：选择图块插入到绘图区后，是保持为一个块，还是分解成若干图形。

⑥ 当所有选项选择好之后，点击确定，在屏幕中指定插入图块的基点，再按照相应的操作提示即可完成对图块的插入。

2. 插入图块

将"博缝头 400"的块，变形成 450 砖的博缝头插入操作如下：

① 执行命令。

② 选择"博缝头 400"的块。

③ 勾选统一比例，在 X 轴比例数字输入：450/400。

④ 确定，在屏幕上指定插入点，完成操作。

5.1.3 编辑图块

编辑图块命令有非常复杂的功能，可以对图块进行编辑、设置等操作。这里只介绍编辑图块的内容，对已经保存好的图块进行修改。编辑块命令如下：

（1）命令 Bedit，命令缩写为"BE"。

（2）工具栏：🖎。

（3）菜单："工具"→"块编辑器"，快捷键 Alt＋T＋B。

（4）基本操作：执行命令，选择要编辑的块，弹出"块编辑"工具栏。如图 5-3 所示。

图 5-3　块编辑工具栏

例如：块中缺少一条线，进入编辑器后，可使用直线命令画出这条线，编辑好之后，按保存块进行储存，保存后按"关闭块编辑器"，回到绘图状态。

5.1.4 删除图块

1. 清理命令

（1）命令 Purge，命令缩写为"PU"。

（2）工具栏：📄。

（3）菜单："文件"→"图形实用工具"→"清理"，快捷键 Alt＋F＋U＋P。

（4）基本操作：执行命令弹出"清理"对话框，如图 5-4 所示。选择要删除的块，点击清理按键。

（5）其他：清理命令除了可以删除块，还可以删除文字样式、图层等设置。

2. 清理不用的块

将第 5 章练习文件中的"指北针"块删除。

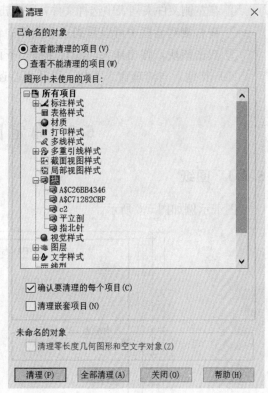

图 5-4　清理对话框

5.1.5　跨文件图块

块定义成功后，是保存在文件里的。如果在一个文件中使用另外一个文件的块，则需要使用"设计中心"命令。

（1）命令 Adcenter，命令缩写为"AD"。

（2）工具栏：

（3）菜单："工具"→"选项板"→"设计中心"。

（4）基本操作：执行命令弹出"设计中心"对话框。如图 5-5 所示。

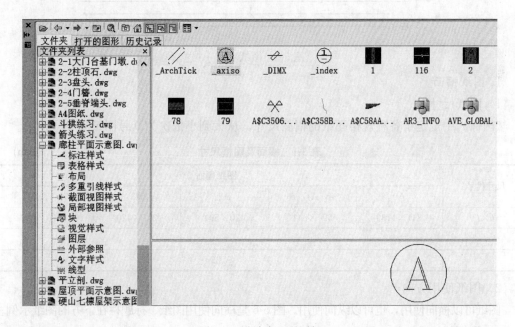

图 5-5　设计中心对话框

① 在左侧文件夹列表中选择文件，并点击前面的"＋"展开，选择这个文件中的"块"。

② 在右侧对话框中可以看到这个文件中包含的块，选中要插入的块。

③ 双击该块，弹出插入块的对话框，下面操作同插入块。

（5）其他：与清理命令类似，设计中心还可以调用其他文件的文字样式、图层等设置。

5.2 确定图纸及比例

5.2.1 图纸

图纸示例如图 5-6 所示。

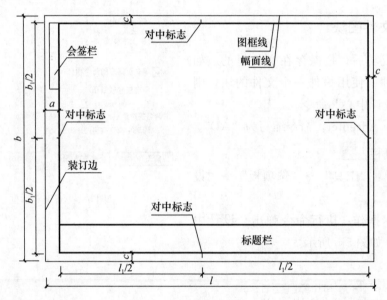

图 5-6　图纸示例

1. 图纸幅面

1）图纸尺寸

《国标》中规定了各种规格图纸的幅面尺寸，从大到小依次为 0 号图纸到 4 号图纸。

表 5-1　幅面及图框尺寸 (mm)

尺寸代号	图纸幅面				
	A0	A1	A2	A3	A4
$b\times l$	841×1189	594×841	420×594	297×420	210×297
c	10			5	
a	25				

2）图纸使用方向

图纸可以横向使用，也可以纵向使用。图 5-6 是横向使用图纸、标题栏在下方的图纸示例。

3）图框线

图纸上下左右四边各留空白，左侧空白稍大，用于装订图纸，尺寸为 a；上、右、下三

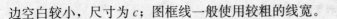

边空白较小，尺寸为 c；图框线一般使用较粗的线宽。

4）标题栏

标题栏位于图纸下方或右侧，一般包含：设计单位名称、注册师签章、项目经理、修改记录、工程名称、图号、绘图人员签字等信息。标题栏高度 30～50mm，可分为上下两行使用。

2. 图纸内容

1）图名及比例

图名和比例使用的大字标注在图形下方，下方使用横线或双横线显得更醒目。

2）说明及表格

在图形的右侧，是对该图纸的说明、尺寸的表格、图例等。

3）图形及尺寸标注

整张图纸的中间偏左放置这张图的主要图形，注意包含轴线符号及标注的尺寸等。

如图 5-7 所示。

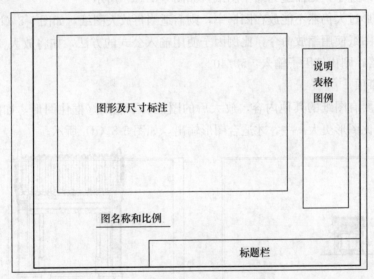

图 5-7 图纸内容

一张图纸要放下这些内容，首先要确定出图比例。第一步要确定使用多大的纸张。

3. 绘制 A3 幅面图纸

操作如下：

① 绘制图纸大小 A3，尺寸 297×420。

② 左侧留边框 a 取 25，上右下各取 5。

③ 绘制标题栏，尺寸：300×40，并将标题栏置于图纸右下角。

按尺寸将 A4、A2、A1 幅面图纸绘制出来备用。

5.2.2 比例

1. 常用比例

制图比例指图上尺寸和实际尺寸之比，如果图上尺寸 1mm 代表实际尺寸 10mm，则比例为 1：10。常用比例如下：

表 5-2　制图常用比例表

常用比例	1∶1、1∶2、1∶5、1∶10、1∶20、1∶30、1∶50、1∶100、1∶200、1∶500、1∶1000、1∶2000
可用比例	1∶3、1∶4、1∶6、1∶15、1∶25、1∶40、1∶60、1∶80、1∶250、1∶300、1∶400、1∶600、 1∶5000、1∶10000、1∶20000、1∶50000、1∶100000

2. 确定比例基本方法

1）选用图纸

按图纸输出的使用目的、工程量大小等因素，选用适合的图纸大小。一般工程选用 A1～A3 的图纸。

2）放大图纸

使用缩放工具，放大选好的图框，移动输出图形到图纸中间，看图框是否能放下图纸。

3）调整比例

（1）若图形过小，则需适当缩小图纸，如图 5-8（a）所示。

（2）若图形过大仍然不能放在图框中，则需适当再放大图纸，如图 5-8（b）所示。

（3）调整图纸使用缩放命令，比例因子使用输入公式的方法，如将放大 40 倍的图框修改为放大 50 倍，则比例因子输入：50/40。

4）注意事项

图框内还要有图纸的其他内容，放大后的图框，不能刚好框住图形，如图 5-8（c）所示。图框必须比图形更大一些，才适合图形输出，如图 5-8（d）所示。

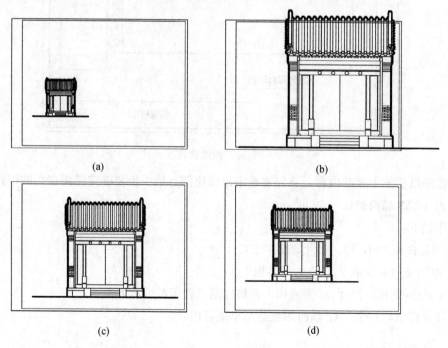

图 5-8　缩放图纸

3. 确定比例

1）整体考虑

从整套图纸考虑，不应设置比例过多，平立剖面图应尽量使用一个比例。所以确定一张立面图的比例，也要参考平面图和剖面图的比例。

2）确定比例

参考整套图纸放大的倍数，适合图纸输出时，这个放大的倍数则为比例，即 1：放大倍数的数字。

例：如果将大小为 A 的图纸放大 B 倍，图纸正好合适所有图形输出。则可确定：

（1）图纸使用 A 图纸打印输出。

（2）制图比例为 1：B。

（3）该比例用于所有文字、标注、图形输出等设置。

以上确定 1：B 的比例会在下面绘图中用到，也会在"页面设置"中进一步使用。

4．确定本图输出比例

操作如下：

① 选用 A3 图纸，放大 50 倍使用。

② 放大后的图纸，正好适合整套图纸输出。

③ 确定出图比例为 1：50。

5.3 文　字

5.3.1 设置字体样式

1．设置字体样式命令

（1）命令 Stylt，命令缩写为"ST"。

（2）工具栏：**A**。

（3）菜单："格式" → "文字样式"，快捷键 Alt＋O＋S。

（4）基本操作：执行命令，弹出"文字样式"对话框。如图 5-9 所示。

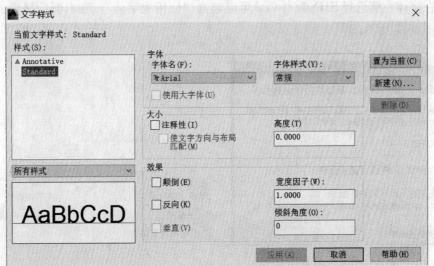

图 5-9　文字样式

2. 字体样式设置

1) 样式名称

默认样式为 Standard，点击"新建"建立新的文字样式。建立多个文字样式后，选择样式名称，再点击"置为当前"，可以设置当前文字样式。

2) 高度

高度这个选项非常重要，如果设置的字体只用来书写固定高度的字，那么就可以在这里输入指定的高度。如果设置的字体要应用在各种不同的高度，那么在书写文字时再确定高度，此时"高度"应设置为 0.0000，0 不表示没有高度，而是不限定高度。

3) 宽度因子

宽度因子大于 1，文字显示为宽字。宽度因子小于 1，文字显示为窄字。

3. 字体设置

1) TT 字体

（1）在字体列表中带有 TT 符号的字体，即 turetype 字体。TT 字体是 windows 系统自带的字体，有宋体、黑体等。

（2）TT 字体优点是该图纸放在任意 windows 系统的机器上都可以顺利显示文字，缺点是字体文件较大，会增大图形文件的体量。

（3）在大多数实际应用中，不用 TT 字体。而是使用下面介绍的 SHX 字体，甚至有企业开发自己独有的 SHX 字体。

2) SHX 字体

（1）SHX 字体是 CAD 的专用字体，早期 CAD 只能使用 SHX 字体，不与 TT 字体通用。

（2）SHX 字体优点是体量较小，读取速度快等；缺点是当 SHX 字体缺失时，就要指定替换字体，否则文字将不能正常显示。当打开了缺少 SHX 字体的文件时，就会弹出替换字体的对话框。如图 5-10 所示。

（3）在字体左侧选择 SHX 字体后，可以勾选"使用大字体"，在右侧选择中文的 SHX 字体。如图 5-11 所示。

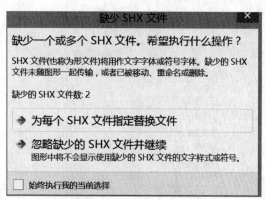

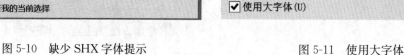

图 5-10　缺少 SHX 字体提示　　　　　　　　图 5-11　使用大字体

3) 带@的字体

TT 字体和 SHX 字体都有带@的字体，@字体指文字向右旋转 90°的字体。选择字体时应加以注意。

4. 添加字体样式

添加文字样式，样式名称"FS"，即仿宋。SHX 字体选择"txt. shx"，使用大字体，大字体选择"gbcbig. shx"，字体高度 0.0000。

5.3.2　文字高度计算

1. 文字高度

1)《国标》图纸上文字的规范

文字的字高，应从下方高度中选用。实际输出字高大于 10mm 的文字宜采用"TRUE-TYPE"字体。同一张图纸内，不宜使用过多大小不等的字体。

(1) SHX 字体：3.5、5、7、10、14、20。

(2) TT 字体：3、4、6、8、10、14、20。

2) 计算文字高度

根据比例确定文字高度：文字的书写高度＝字体高度×比例

要书写高度为 10 的字，按 1∶50 出图，书写高度为 10×50＝500。

2. 字体高度设置解决方案

1) 固定高度

第一种设置方法是固定高度，即为书写每个高度的字，单独设置一个字体样式。

如希望在图中书写高度为 10、7 这两种文字高度，仿宋字体，比例为 1∶50。那么就设置以下两种文字样式：

(1) 文字样式名称 FS10，文字高度 10，设置高度 500。

(2) 文字样式名称 FS7，文字高度 7，设置高度 350。

设置好两种文字样式后，在书写文字时，书写高度为 10 字就选择 FS10 样式，书写高度为 7 的字就选择 FS7 样式。

2) 活动高度

第二种设置方法是活动高度，即只设置一个字体样式，书写时再指定高度。

还是上面的例子，只设置一个 FS 文字样式，高度设置 0.0000，即：不设定固定高度。在书写文字时，不管写多大的字，都选择 FS 文字样式，书写文字时再指定文字高度 500 或 350。

这种方法也适用于标注字式的设定。

以上两种方法，可根据绘图习惯自行选择。

5.3.3　书写文字

在设置好文字样式后，就可使用文字命令进行书写。在 CAD 中有"单行文字""多行文字"两个文字书写命令。

这两个命令的"单行""多行"是指书写文字后形成的文字图形，是以单行对象还是多行对象出现，这两个命令本身都能够书写多个行的文字。

例如：用单行文字书写3行文字，确认后产生三个单行的文字对象。而用多行文字书写的，则是一个3行文字的整体对象。

1. 单行文字命令

（1）命令 text，命令缩写为"DT"。

（2）工具栏：A 单行文字。

（3）菜单："绘图"→"文字"→"单行文字"，快捷键 Alt＋D＋X＋S。

（4）基本操作：执行命令，选择［J（对正）］模式，指定文字高度，文字旋转角度，输入文字，回车确认。

2. 多行文字命令

（1）命令 Mtext，命令缩写为"T"或"MT"。

（2）工具栏：A 多行文字。

（3）菜单："绘图"→"文字"→"多行文字"，快捷键 Alt＋D＋X＋M。

（4）基本操作：执行命令，指定第一点，拖动出文字书写框，输入文字，弹出文字编辑器。如图 5-12 所示。

图 5-12　文字编辑器

3. 文字编辑器

1）输入框

执行多行文字命令后产生文字输入框，拖动边框可以修改书写区域的大小。左上角有对齐方式的标签。

2）样式

在样式中选择文字样式，指定文字高度。

3）格式

在格式中选择文字字体、颜色，粗体、斜体、下划线等。

4）段落

设置项目符号、编号，行距、对齐方式，以及"对正"方式。

5）插入

在插入中可插入特殊符号，在特殊符号中每个符号右侧还有一串字符，如正负号是"％％P"。这个符号是 CAD 中特殊符号的输入码，在使用单行文字命令输入时，可以使用这个输入码来插入特殊符号。

4. 修改文字

不论单行文字命令还是多行文字命令书写的文字，通过双击文字即可修改文字。

5. 绘制并书写标题栏

按下图绘制标题栏，文字书写选择 FS 文字样式，高度 10。如图 5-13 所示。

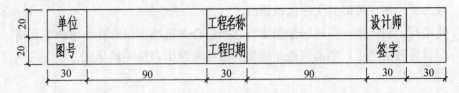

图 5-13　标题栏样例

5.3.4 表格

1. 表格样式

(1) 命令 Tablestyle，命令缩写为"TS"。

(2) 菜单："格式"→"表格样式"，快捷键 Alt＋O＋B。

(3) 表格样式设置内容

表格样式可以设置表格中文字的样式、线框的样式、颜色、对齐等。

(4) 在 CAD 表格中包含三类内容：

① 标题：标题占一整行，一般放在第一行。

② 表头：表头就是每列项目的名称，一般放在第二行，没有标题的情况下，表头也可以放在第一行。

③ 数据：除标题和表头外表格内书写的数据内容。

可以对这三类内容分开进行表格样式的详细设置。

2. 表格命令

1) 命令 table，命令缩写为"TB"

2) 菜单

"绘图"→"表格"。启动表格后弹出表格对话框。如图 5-14 所示。

3) 基本设置

(1) 插入方式：选择指定窗口。

(2) 列行数：指定列与行的数字。

(3) 设置单元样式：选则单元格内容是标题、表头还是数据。

4) 表格工具栏

进入表格后，会弹出表格单元工具栏。如图 5-15 所示。

(1) 单击单元格，可以对单元格进行设置，如修改对齐方式、数据格式等。

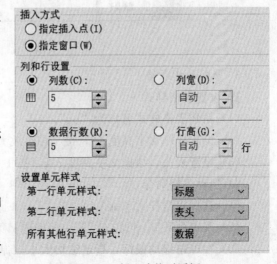

图 5-14　插入表格对话框

图 5-15 表格单元工具栏

（2）双击单元格，可以对文字进行修改。

（3）使用行、列选项，可以增加删除行、列。合并选项可以合并、取消单元格。

（4）编辑好表格之后，单击表格外侧绘图区域可退出表格编辑状态。

5）数据格式

（1）在数据格式中可以选择文本、数字、日期、自定义等格式。

（2）自定义格式中可以指定数字格式的精度，如 0.00 等。

6）公式

（1）CAD 表格与 Excel 表格类似，可以使用等号开头的方程式来自动计算表内数据。

（2）点击公式工具栏，可以选择求和、求平均等公式。

（3）选择"方程式"，单元格内自动产生等号"＝"，在等号后面可以输入公式。

（4）公式自动计算的单元格，会以灰色底纹的形式出现。如图 5-16 所示。

① F3 为输入数字 230，白色底纹。

② F4、D5、D6、E6 等是自动计算出的公式，深灰色底纹。

③ E5 是正在编辑的公式，浅灰色底纹。

	A	B	C	D	E	F
1	古建单体尺寸表					
2	构件名称	长	宽	高	厚（进深）	径
3	檐柱					230
4	山柱					296
5	双步梁	二步架+D		345	=F3*1.2	
6	檐垫板			184	58	

图 5-16 表格样表

3. 绘制尺寸表格

1）设置表格样式

（1）新建表格样式名称为"bg"。

（2）设置标题文字高度 10，按 1∶50 放大，高度 500。

（3）设置表头、数据文字高度 7.5，按 1∶50 放大，高度 375。

2）启动表格命令

（1）选择表格样式"bg"。

（2）确定列数 6，行数 6。第一行标题，第二行表头，第三行以下数据。

（3）在屏幕拖动鼠标，指定表格大小，弹出表格进行编辑。

3）编辑表格

（1）按图 5-16 编辑，输入标题、表头、数据。其中单元格公式为：

① 山柱：F4＝F3＋66（山柱径为檐柱径加两寸）。

② 双步梁：D5＝F3 * 1.5　　　D6＝F3 * 1.2

③ 檐垫板：D6＝F3 * 0.8　　　E6＝F3 * 0.25

（2）计算出的数字可能有 4 位小数，设置表格内单元格格式为小数，精度为 0。

（3）尝试将柱径 230 修改为 300，表中数据会自动计算。

（4）退出表编辑状态，表格编辑完毕。如图 5-17 所示。

古建单体尺寸表					
构件名称	长	宽	高	厚（进深）	径
檐柱					300
山柱					366
双步梁	二步架+D		450	360	
檐垫板			240	75	

图 5-17　自动计算表格

注意：当确定表内数据无误后，可以使用分解命令炸开表格。炸开后所有数据都脱离公式，只剩下计算结果。不再显示灰色底纹，也不会再自动计算。

5.4　标　　注

标注是对画好的图形进行尺寸标注，首先要进行标注样式的设置。标注样式分为主样式和子样式，主样式用于标注线型的尺寸，子样式用于标注角度、直径等其他标注。

5.4.1　设置标注样式

1. 标注样式命令

（1）命令 Dimstyle，命令缩写为"DST"

（2）工具栏：⊢◢。

（3）菜单："格式"→"标注样式"，快捷键 Alt＋O＋D。

（4）基本操作：执行命令，弹出"标注样式"对话框。如图 5-18 所示。

（5）新建标注样式：点击"新建"按钮，新建一个标注样式。输入新样式的名称后，弹出设置标注样式的对话框。这个对话框中有线、符号、箭头、调整、单位等选项卡。

2. 线

对图形进行标注，以及图形本身外其他线的设置。如图 5-19 所示。

1）尺寸线

尺寸线选项卡，如图 5-20 所示。

（1）颜色、线型、线宽：选择 ByLayer（随层），即跟随标注层的设置。

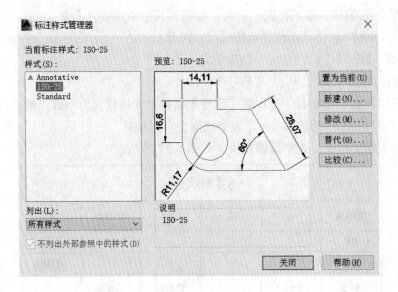

图 5-18　标注样式管理器

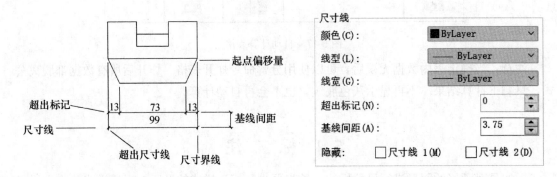

图 5-19　尺寸线和尺寸界线样例　　　　　图 5-20　标注设置尺寸线

（2）超出标记：尺寸线超出尺寸界限的长度，超出标记设置为 0，即不超出。

（3）基线间距：两条尺寸线之间的距离。

（4）隐藏尺寸线：有些时候在绘图时，需要隐藏一条尺寸线，可以在这里勾选。

2）尺寸界线

尺寸界线选项卡，如图 5-21 所示。

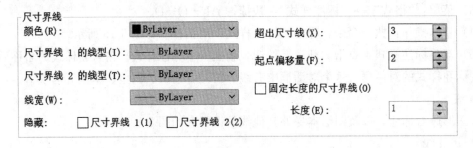

图 5-21　标注设置尺寸界线

（1）起点偏移量：尺寸界线离开图形的距离，《国标》规定不少于 2mm。

（2）超出尺寸线：尺寸界线的另一端，超出尺寸线的距离，《国标》规定 2～3mm 之间。

（3）固定长度的尺寸界线：若勾选并指定长度，尺寸界线就为固定长度。不勾选则在标注尺寸时，再使用鼠标拖动或键盘输入的方法指定尺寸界线的长度。

3. 箭头（起止符号）

对图形进行标注，以及箭头、文字高度、文字样式的设置。如图 5-22 所示。

箭头选项如图 5-23 所示。

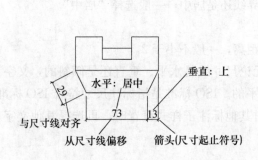

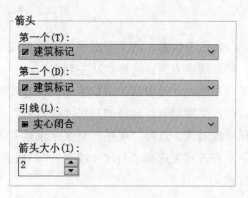

图 5-22　箭头、文字外观、文字位置样例　　　　图 5-23　标注设置箭头

1）箭头

《国标》称尺寸起止符号，在 CAD 中称为箭头。箭头选择"建筑标记"，选择第一个箭头之后，第二个箭头会自动选择好。

2）箭头大小

《国标》规定尺寸起止符号的大小是 2mm。

4. 文字

1）文字外观

文字外观选项卡，如图 5-24 所示。

（1）文字样式选择已经设置好的文字样式，被选择的文字样式的文字高度，应为活动高度，设置为 0.000。

（2）文字颜色随层、填充颜色无。

（3）文字高度：用于标注的文字高度，指标注产生后数字的高度。这个高度设置参考图中其他数字符号，一般不小于 3.5。

2）文字位置

文字位置选项卡，如图 5-25 所示。

（1）垂直位置：指文字在尺寸线的上方还是在下方，一般选择"上"，若选择"居中"，则标注文字数字压住尺寸线。

图 5-24　标注设置　文字外观

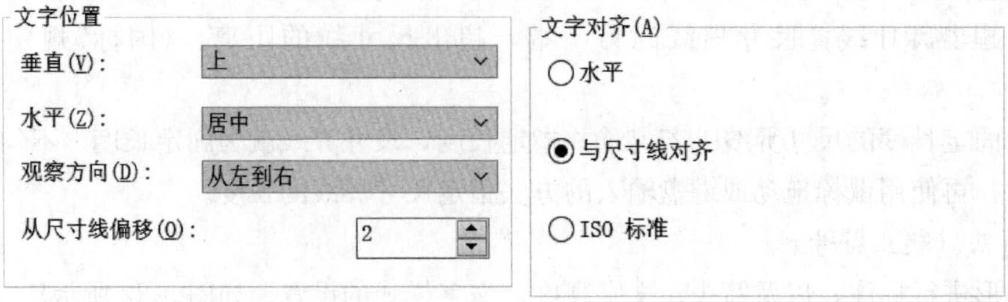

文字位置

垂直(V)：　　　上

水平(Z)：　　　居中

观察方向(D)：　从左到右

从尺寸线偏移(O)：　　　2

文字对齐(A)

○ 水平

● 与尺寸线对齐

○ ISO 标准

图 5-25　标注设置　文字位置

（2）水平位置：指文字水平方向靠近尺寸界线还是居中，一般选择"居中"。

（3）观察方向：选择"从左到右"。

（4）从尺寸线偏移：指数字高出尺寸线的距离，一般不小于 2。

（5）文字对齐：选择"与尺寸线对齐"，无论尺寸线是水平、垂直还是倾斜的，文字都与尺寸线对齐。选择"水平"是文字永远是水平的。ISO 标准是指标注尺寸符合 ISO 标准。文字对齐方式先选择"与尺寸线对齐"，后面对其他标注子样式设置时，再选择其他文字对齐方式。

5. 其他

1）全局比例

在"调整"选项卡中有"使用全局比例"选项，这个比例输入确定的出图比例。如按1：50出图，则在这里填写："50"。

2）小数分隔符

在"主单位"选项卡中有"小数分隔符"选项，这里可以选择小数点的形式，默认值为","（逗点），《国标》中规定使用"."（句点）。

设置好标注样式后，选择这个样式为当前样式，就可以进行尺寸标注了。

5.4.2　添加标注

1. 线性标注

用于对图形标注产生的尺寸线是水平方向或垂直方向的。

（1）命令 Dimlinear，命令缩写为"DLI"。

（2）工具栏：⊓。

（3）菜单："标注" → "线性"，快捷键 Alt＋N＋L。

（4）基本操作：执行命令，指定第一个标注点，指定第二个标注点，鼠标向标注方向拖动，拖动到合适位置确认（或输入标注的距离，即尺寸界线的长度）。

2. 对齐标注

用于对图形标注产生的尺寸线是对齐两个标注点的连线。

（1）命令 Dimaligned，命令缩写为"DAL"。

（2）工具栏：↖。

（3）菜单："标注"→"对齐"，快捷键 Alt＋N＋G。

（4）基本操作：参照线性标注。

3．标注方法

（1）对水平或垂直方向图形线进行线性标注，产生水平或垂直方向尺寸标注。

（2）对倾斜图形线进行线性标注，也可以产生水平或垂直向尺寸标注。

（3）对倾斜图形线进行对齐标注，产生倾斜方向尺寸标注。如图 5-26 所示。

4．关于标注

（1）标注产生的尺寸线、尺寸数字等是一个整体对象。

（2）修改图形后，标注尺寸会跟随图形变化而变化。

（3）可以使用"分解"命令将标注炸开，但分解后的标注就不会随图形变化而变化了。

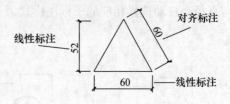

图 5-26　标注方法

（4）分解后的尺寸数字是一个多行文字，双击这个文字可以进行编辑。

5.4.3　标注角度、半径、直径

以上所建立的标注样式，主要用于线性标注和对齐标注。要对弧线和半径等其他图形进行标注，还要在以前的标注样式的基础上，建立子标注样式。

1．创建角度子标注样式

1）进入创建标注样式对话框

（1）选择基础样式：创建子样式首先要选择一个基础样式。

（2）选择用于：选择角度标注，选好后可以发现，新样式名不可以使用了。

（3）点击"继续"创建子样式。如图 5-27 所示。

2）角度标注的设置

（1）将箭头从"建筑标记"改为"实心闭合"。

（2）将文字位置中的垂直改为"外部"。

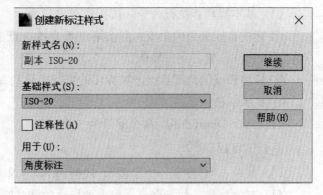

图 5-27　创建子标注样式

（3）文字对齐改为"水平"。

2．建立半径、直径子标注样式

1）半径、直径的设置

（1）将箭头从"建筑标记"改为"实心闭合"。

（2）文字对齐改为"水平"。

（3）因为被标注的圆可能过小，直径的箭头和文字要标注到圆的外侧，所以在调整选项卡中，将调整选项设置为："文字或箭头（最佳效果）"。

2）设置后显示

（1）通过以上设置，在对话框中右侧的图例显示只有角度、半径、直径的标注了。如图 5-28（a）、（b）、（c）所示。

（2）创建后可以看到在基础样式的下面产生了一个角度、半径、直径的子样式。如图 5-28（d）所示。

（3）标注前在选择标注样式的时候，仍然选择基础样式。执行标注命令时，标注角度、直径会自动选择相应的子标注样式。

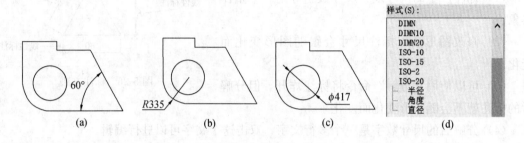

图 5-28　子标注样式样例

（a）角度；（b）半径；（c）直径；（d）样式列表

3. 标注角度

（1）命令 Dimangular，命令缩写为"DAN"。

（2）工具栏：△。

（3）菜单："标注"→"角度"，快捷键 Alt＋N＋A。

（4）基本操作：执行命令，按标注对象分为：

① 标注直线夹角的角度：点击第一条直线，点击第二条直线，拖动鼠标到距离夹角顶点合适的标注位置，点击确认。

② 标注弧线的角度：点击被标注的弧线，移动鼠标到合适的标注位置，点击确认。

4. 标注半径

（1）命令 Dimradius，命令缩写为"DRA"。

（2）工具栏：◌。

（3）菜单："标注"→"半径"，快捷键 Alt＋N＋R。

（4）基本操作：执行命令，点击被标注的圆或圆弧，拖动鼠标到合适的标注位置，点击确认。

5. 标注直径

（1）命令 Dimdiameter，命令缩写为"DDI"。

（2）工具栏：◌。

（3）菜单："标注"→"直径"，快捷键 Alt＋N＋D。

（4）基本操作：参照半径标注。

5.5　打 印 输 出

5.5.1　线型、线宽

1.《国标》中对线宽的规定

1）确定线宽

首先要确定一张图之内的基本线宽 b，b 是大粗线，粗线取 $0.7b$，中线取 $0.5b$，细线取 $0.25b$。

表 5-3　线宽组　　　　　　　　　　　　　　　　　　　　　　　（mm）

线宽比	线宽组			
b	1.4	1.0	0.7	0.5
$0.7b$	1.0	0.7	0.5	0.35
$0.5b$	0.7	0.5	0.35	0.25
$0.25b$	0.35	0.25	0.18	0.13

2）线宽注意

（1）需要微缩的图纸，或过小的图纸，不宜采用 0.18 及以下线宽，所以 b 应在 1.4 和 1.0 这两个线宽中选择。

（2）同一张图纸内，选择一套线宽。

2. 建筑图纸中对线型的规定

（1）轴线采用点画线线型。

（2）一般线使用实线绘图。

（3）部分遮挡的线使用虚线。

3. 古建筑图中各线型的使用

1）平面图

表 5-4　平面图线宽选择

线型	粗细	用　　途
粗	b	墙、柱的构件轮廓线
中粗	$0.7b$	台基、槛框的轮廓线
中	$0.5b$	柱顶石、窗榻板、坐凳、踏跺外轮廓线
细	$0.35b$	柱顶石鼓镜、地砖、散水铺装线、轴线、尺寸线、各类符号

平面图线宽样例，如图 5-29 所示。

2）立面图

表 5-5　立面图线宽选择

线型	粗细	用　　途
粗	b	墙、檩垫枋、瓦、台基剖切轮廓线。地平线使用更粗的线 $1.2b$
中粗	$0.7b$	槛框剖切轮廓线
中	$0.5b$	墙体、柱外轮廓，椽子、梁、枋剖切线轮廓线、脊轮廓
细	$0.35b$	窗、踏跺剖切线、砖、廊心墙、脊内部、轴线、尺寸线、各类符号

立面图线宽样例，如图 5-30 所示。

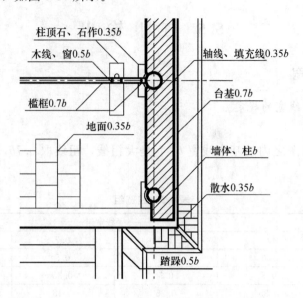

柱顶石、石作0.35b
木线、窗0.5b
槛框0.7b
地面0.35b
轴线、填充线0.35b
台基0.7b
墙体、柱b
散水0.35b
踏跺0.5b

图 5-29　平面图线宽样例

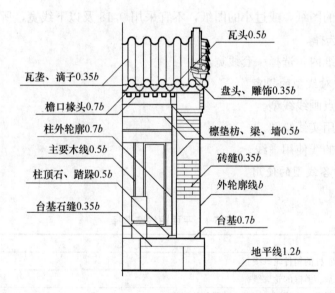

瓦头0.5b
瓦垄、滴子0.35b
檐口椽头0.7b
柱外轮廓0.7b
主要木线0.5b
柱顶石、踏跺0.5b
台基石缝0.35b
盘头、雕饰0.35b
檩垫枋、梁、墙0.5b
砖缝0.35b
外轮廓线b
台基0.7b
地平线1.2b

图 5-30　立面图线宽样例

3）剖面图

表 5-6　剖面图线宽选择

线型	粗细	用　途
粗	b	檩垫枋、瓦剖面，台基、地平线使用更粗的线 1.2b
中粗	0.7b	主要木构件剖面轮廓
中	0.5b	墙外轮廓、柱、梁、椽子、屋脊轮廓、屋面、其他木构件剖面轮廓
细	0.35b	装修细部、砖、踏跺、屋脊投影线、轴线、尺寸线、各类符号

剖面图线宽样例，如图 5-31 所示。

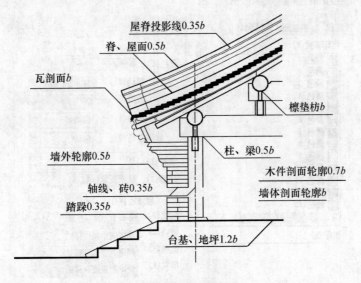

图 5-31　剖面图线宽样例

5.5.2　打印样式

1. 打印样式分类

打印输出之前，先进行打印样式的设置。CAD 软件中打印样式分成两类：

1）颜色相关

"Color Dependent（颜色相关）"颜色相关打印样式以对象的颜色为基础，共有 255 种颜色相关打印样式，通过调整与对象颜色对应的打印样式，可以控制具有同种颜色的对象的打印方式。颜色相关打印样式表以".ctb"为文件扩展名保存。

简单地说，就是按对象颜色的不同，设置不同的线宽、线型输出。如把红色的线打印成 0.7b 宽的连续线、把黄色的线打印成 0.5b 宽的点画线。

颜色相关打印模式也是实际出图使用较多的方式。

2）命名模式

"Named（命名）"命名打印样式可以独立于对象的颜色使用。可以给对象指定任意一种打印样式，不管对象是什么颜色的。命名打印样式表以".stb"为文件扩展名保存。

2. 打印样式管理器

（1）命令 Stylesmanager。

（2）工具栏：🖶。

（3）菜单："格式"→"打印样式"，快捷键 Alt＋O＋Y。

（4）基本操作：执行命令，在表格视图中添加样式，输入样式名称，弹出打印样式对话框。如图 5-32 所示。

① 左侧打印样式按颜色索引排列，对应图层设置时，颜色索引编号进行设置。

② 选好颜色索引后，在右侧的特性栏中选择线型、线宽等设置。

③ 全部颜色按线宽选择好之后，即可保存并关闭。

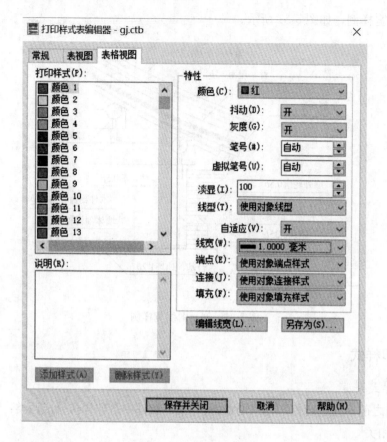

图 5-32　打印样式编辑器

3. 新建颜色相关打印样式

样式名称为"gj.ctb"（古建.ctb），具体设置略，具体参照附带文件。

5.5.3　页面设置及打印

1. 页面设置

在"文件"菜单中点击"页面设置管理器"，弹出页面设置窗口，选择页面中的"模型"或"布局"，点击"新建"或"修改"，进入到页面设置编辑的对话框。如图 5-33 所示。

1）打印机/绘图仪

在名称框后面选择这台计算机已经安装好的打印机或绘图仪。

2）图纸尺寸

在图纸尺寸中选择纸张大小，也就是本章第 2 节确定比例时确定的纸张大小。可选的纸张大小受到打印机的限制，打印机最大纸张是 A4 的，这里就不能选择 A3。

3）打印样式表

在这里选择之前设置好的颜色相关打印样式，即"gj.ctb"。

4）打印区域

选择"窗口"在绘图区中指定打印的区域，点击图框对角两点。如图 5-34 所示。

5）打印偏移

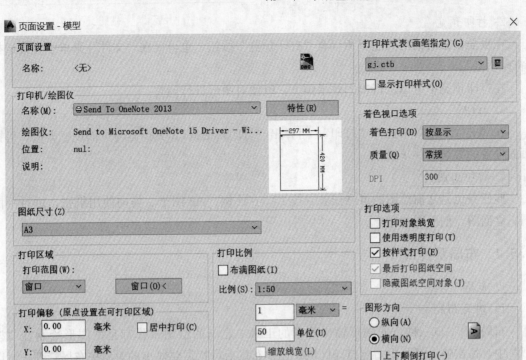

图 5-33　页面设置对话框

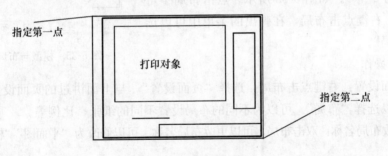

图 5-34　指定打印区域

打印偏移是在输出纸张时再次对图形位置的偏移，因各种出图设备的偏差，有时会对这个选项进行数值的修改。因之前设置就是按照图纸大小进行设置的，所以这里偏移预先设置为 X：0.00，Y：0.00。打印之后，根据图形在图纸的位置，再进行适当调整。

居中打印：指打印的图形在纸张上居正中位置。

6）打印比例

打印比例就是之前确定好的出图比例。可在比例中直接找到 1：50 选定，也可在下面指定。该比例所示含义为：图上 1 毫米＝50 个绘图单位。电脑绘图时按照实际尺寸绘图，1 个绘图单位就是 1 毫米，所以出图比例即为 1：50。

7）图形方向

设定纸张的使用方向，选择"横向"或"纵向"。

在做好页面设置后，可以将设置进行保存，此设置可套用到其他布局中。

2. 打印预览

在页面设置对话框的左下角，有"打印预览"按钮，也可以在"文件"菜单中直接选择"打印预览"。

在打印预览中可以进行出图效果预览，以便对图形进行调整。

3. 打印

在"文件"菜单中选择"打印"，可弹出"打印对话框"，其内容与页面设置类似，可按页面设置的方法进一步操作。

4. 打印出图

此任务也是之前绘图的最终任务，按 1：50 比例、A3 图纸、横向使用纸张，进行平面图、立面图、剖面图的输出。

5.5.4 布局及视口

1. 布局

1）进入布局

布局是 CAD 一种方便图形输出管理的工具，之前的绘图工作都是把图形绘制在"模型"中，每次输出都要用指定打印区域。创建布局后可把需要输出的对象按布局管理，可以将分散的图形集中在一个布局内浏览、打印。

在绘图区的左下角可以看到几个选项卡，模型、布局1、布局2……。如图 5-35 所示。点击布局 1 可进入布局 1，右键点击布局，在弹出的菜单中可以选择"新建布局"。

图 5-35　模型与布局选项卡

2）布局操作

（1）页面设置：右键点击布局，选择"页面设置"，与上面讲过的页面设置一致，在打印区域中可以选择"布局"。可以为不同的布局设置不同的纸张、比例等。

（2）更改布局名称：双击布局，可以更改布局名称。可以修改为"平面图""构件详图"等。

2. 视口

在布局中黑色方框线为视口线，视口内有模型中所绘制的图形。如图 5-36 所示。

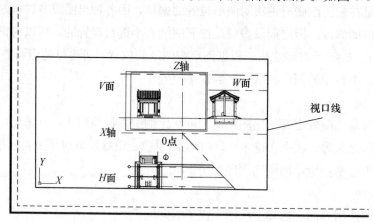

图 5-36　视口样例

1）视口操作

单击视口线，视口线变为虚线，四角出现 4 个点。拖动视口线可以移动该视口，拖动顶点可修改视口大小。

2）视口内操作

双击视口内部，可进入到视口内部，使用鼠标中间滚轮拖动可以对图形进行移动，滚动滚轮可以对图形进行缩放。

3）新建视口

（1）新建视口：在布局工具栏布局视口中点击"新建视口"。

（2）新建视口层：视口线并不是图框线，在打印时不需要打印出来，可建立一个"视口图层"，设置为"不打印"，并且将视口线放入该图层。

3. 创建一个包含多视口的布局

操作如下：

① 新建视口层，并设置为不打印。

② 在布局中，视口层内，使用新建视口按键，创建多个视口。

③ 双击视口，进入到视口中，找到位于模型中不同位置的图形。

含有多视口的布局，图示中几个大矩形就是视口线，打印时不会被打印出来。这样就可以把位于不同位置的图形，放在一张图纸内打印。如图 5-37 所示。

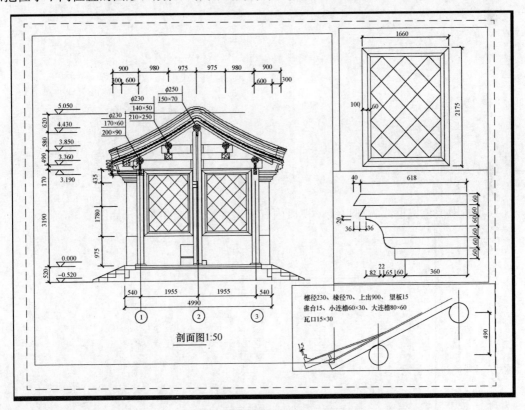

图 5-37　多视口布局

5.5.5 文件输出

在 CAD 软件的绘图过程中，有一部分任务是打印在纸上，还有一部分任务是输出成电子文件。为了对图形文件的保密，一般不直接把 DWG 文件交出，而是转出成其他类型的电子文件。

1. 打印机模式

选择打印命令，在对话框打印机选项中选择"DWG to PDF"，选择相应的输出对象。进行输出。

在打印机选择的下拉菜单中可以看到，"DWG to"的文件有很多种，还有 PNG、JPG、WMF 等文件种类可以选择。

2. 文件发布

在文件菜单中，选择"发布"选项，在对话框中可以选择发布的对象种类：WMF、WMFx、PDF 等。

3. 文件输出

CAD 文件菜单中还有一个选择更多的文件输出命令，在文件菜单中选择"输出"，可以选择输出的文件种类更多。

第 6 章　无翼角建筑制图

本章要点

本章介绍无翼角建筑形式的制图，作为初级制图人员的制图训练。掌握硬山、悬山、垂花门无翼角建筑的绘制方法。在不同的制图实例中，循序渐进再学习绘制各类图形的要点。尺寸仍不明之处可查阅附带文件。

6.1　硬　山　建　筑

硬山建筑样式：五开间，六檩前有廊后无廊，带正脊吻兽硬山单体建筑。本节重点学习前后不对称单体的画法，以及有明显正脊的立面图、剖面图表现方法。

6.1.1　平面图

1. 尺寸

1）轴线

（1）面宽方向：有 5 个开间，6 根轴线。明间面阔轴线尺寸 4200，次间面阔轴线尺寸 3900，梢间面阔轴线尺寸 3600。

（2）进深方向：廊轴线尺寸 1345，金柱与后檐柱之间轴线尺寸 5380。

2）台基

（1）台基尺寸 20180×7920。

（2）台阶尺寸 4680×990，三步台阶 3840×330，垂带尺寸 360×930。

（3）散水宽度 600，散水外边宽 100，散水铺面形式自定。

（4）地面方砖 600×600 细墁地面。

3）柱

（1）檐柱：柱直径 330，鼓镜直径 410，柱顶石 600×600。

（2）金柱：柱直径 360，鼓镜直径 460，柱顶石 720×720。

4）墙

（1）左、右、后三边墙体金边尺寸 60，小台尺寸 150。

（2）柱前墙厚 460，其中咬中尺寸 30。

（3）柱后墙厚 600，窗下槛墙 340，窗厚 60，门厚 100。

2. 绘图

1）拼合柱网结构

（1）面宽方向：计算方法与第 2 章相同，［20180－4200－2×（3900＋3600）］÷2＝490。

（2）进深方向：因这个单体建筑不是对称的，是前有廊后无廊的形式，所以不能使用与面宽方向相同的计算方法。

应按此方法计算：A 轴距离台基尺寸＝台基尺寸－［后墙下檐出］－（轴线尺寸）。

后墙下檐出＝后墙金边尺寸＋后墙轴线以外墙厚。后墙轴线以外墙厚，按柱前墙厚减去咬中尺寸计算。

即：$$7920－［60＋（460－30）］－（5380＋1345）＝705$$

柱网结构对齐台基辅助线相对坐标：@490，705。

2）墙在后檐柱转角

如墙体厚度不变，即可按下图绘制墙体转角。如图 6-1 所示。

3）槛墙与金柱

槛墙与柱交界处按 45°斜角处理，按遮蔽关系修剪柱顶石。如图 6-2 所示。

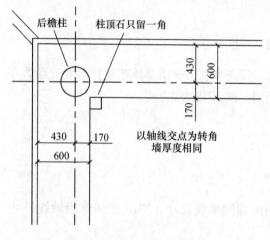

图 6-1　墙体在后檐柱转角

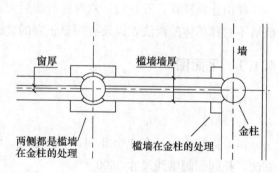

图 6-2　槛墙与金柱

3. 平面图

图形样例。如图 6-3 所示。

6.1.2　剖面图

1. 尺寸

1）台基

（1）台基高度 360，三步台阶尺寸为 3840×120。

（2）檐柱鼓境 410，金柱鼓境 460，柱顶石高度 40。

2）柱

（1）檐柱柱头标高 3300，檐檩直径 320，檐垫板厚 70，檐枋 264×330。

（2）金柱柱头标高 3900，檩垫枋尺寸同上。

3）步架举架

（1）檐步架宽度 1345，五举，高 673。

（2）金步架宽度 1345，七举，高 942。

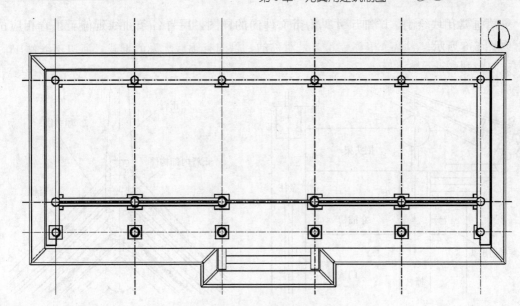

图 6-3　硬山平面图

（3）脊步架宽度 1345，九举，高 1210。

4）梁

（1）抱头梁高 450，梁头高 420。穿插枋高度 330，柱前出头 165×165。

（2）五架梁高度 400，下金檩直径 320，下金枋 264×330，随梁枋高度 330。

（3）三架梁高度 400，上金檩直径 320，上金枋 264×330，瓜柱宽度 356。

（4）脊檩直径 320，脊枋 264×330，角背高度 500，脊瓜柱宽度 356。

5）墙体

（1）下碱高度 975，上身 2314，花碱 10。槛墙高度 1200，榻板高度 80。

（2）盘头每层砖高 70，博缝头砖尺寸 500。

（3）后墙下碱高度 975，后墙上身高度 3475，后墙砖檐高 420。

6）屋面

（1）上出尺寸 1089，下出 726，回水 363。后檐上出 832。

（2）椽子宽度 110，望板厚度 25，大连檐 100×100，小连檐 100×40。

（3）泥被高度 150，瓦尺寸 240，瓦厚度 10。

（4）垂脊端头标高 4650，后墙垂脊端头标高 5300。

2. 绘图

1）后檐墙

后檐墙按封后檐做法，砖檐六层高 420。如图
6-4 所示。

2）穿插枋抱头梁

穿插枋在檐枋以下，连接金柱和檐柱，穿插
枋从檐柱前方出头。如图 6-5 所示。

3）正脊

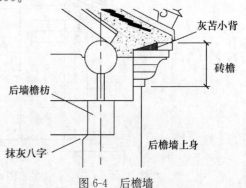

图 6-4　后檐墙

　　正脊通常用块绘制，详细尺寸见附带文件内的样图，屋脊各条曲线延伸至正脊相应位置。如图 6-6 所示。

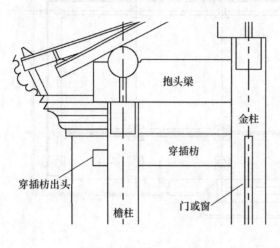

图 6-5　穿插枋、抱头梁

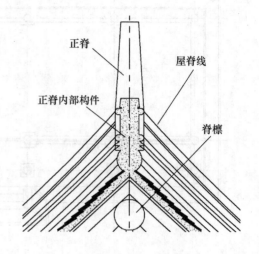

图 6-6　正脊剖面

3. 未画部分

1) 砖体

2) 廊心墙

3) 门及槛框

以上部分尝试绘制。

4. 剖面图

如图 6-7 所示。

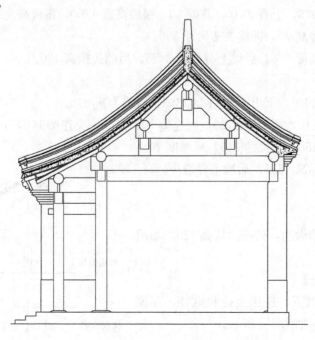

图 6-7　硬山剖面图

6.1.3 立面图

1. 尺寸

1）木构件

（1）穿插枋出头尺寸 135×165。

（2）抱头梁梁头宽度 390，底部圆角半径 30。

（3）飞椽尺寸 110×104。

2）椽子

椽当与瓦当的计算方法参照第3章，可使用 Excel 计算器。

（1）戗檐至梢间中线长度 1780，符合理想状态，戗檐至第一个椽子留空隙 $b=75$，椽当等于椽径 110，阵列 7 组椽子，阵列介于值为 220。

（2）梢间面宽一半 1800，椽当 115，半当 57.5。阵列 8 组椽子，阵列介于值 225。

（3）次间面宽一半 1950，椽当 133.75，半当 66.875。阵列 8 组椽子，阵列介于值 243.75。

（4）明间面宽一半 2100，椽当 123.3333，半当 61.6667。阵列 9 组椽子，阵列介于值 233.3333。

3）屋面

（1）筒瓦勾头宽度 130。

（2）建筑物中线到戗檐中线距离 9800，计算瓦当后，适当增加瓦当宽度到 134，阵列距离由 9800 修正到 9835，阵列瓦的组数 37 组，阵列介于值 264。

（3）垂脊宽度 140，正脊吻兽、垂脊端头可使用块绘制。

2. 绘图

1）柱与槛墙

使用平面图槛墙在柱位置的投影线画出槛墙。如图 6-8 所示。

2）柱头位置

立面图柱头位置各部件，如图 6-9 所示。

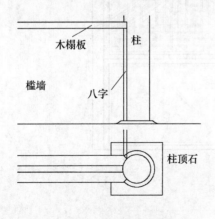

图 6-8　剖面图样例

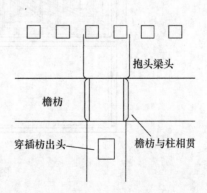

图 6-9　柱头位置

3）正脊与吻兽

立面图吻兽使用图块绘制，按比例缩放。吻兽中垂脊宽度保持与屋面垂脊宽度相同，上下对齐。正脊内部砖线向屋面中点延伸，整体镜像形成完整屋面。如图 6-10 所示。

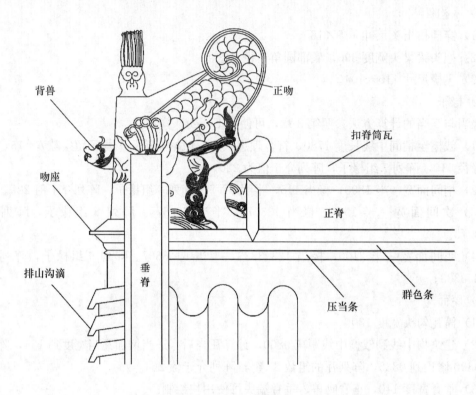

图 6-10 正脊与吻兽

4）窗

窗分上下两扇，下方玻璃，上方窗格使用图块绘制，如图 6-11 所示。

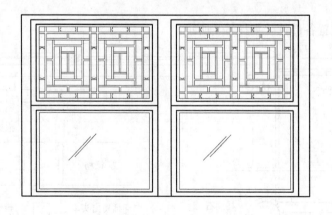

图 6-11 窗

3. 立面图

立面图中，门及槛框未画。图形样例如图 6-12 所示。

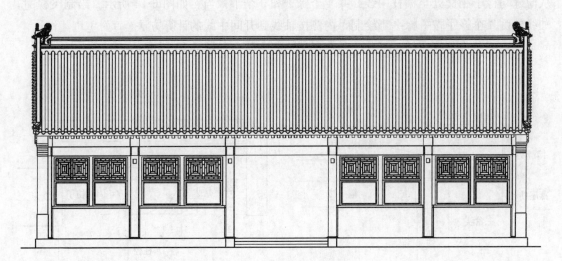

图 6-12　硬山正立面图

6.2　悬　山　建　筑

6.2.1　悬山平面图

悬山建筑实例：三开间五檩单体建筑，台阶与散水略。如图 6-13 所示。

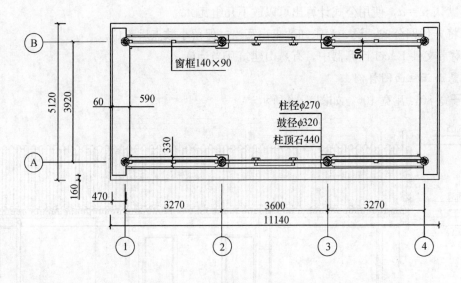

图 6-13　悬山平面图

6.2.2　悬山正立面图

1. 悬山建筑正立面特点

（1）悬山建筑屋面垂脊挑出山墙以外，多使用木质博缝。靠外侧第一根椽子紧贴博缝，从博缝与椽子相交处至檐柱中线，共 4 个椽子和 3 个半椽当。如图 6-14 所示。绘制飞椽时，轴线外侧 4 个椽子按一椽一当绘制，内侧按轴线到开间中线的计算方法。

（2）三岔头与燕尾枋：三岔头与燕尾枋绘制方法。如图 6-15 所示。

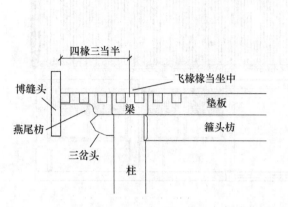

图 6-14　悬山建筑正立面特点　　　　　图 6-15　三岔头与燕尾枋

（3）瓦面计算：计算方法与硬山瓦面不同，硬山瓦面是适当增大瓦当，使垂脊落在山墙上。而悬山建筑垂脊位置是固定的，要按计算椽子的思路求出瓦当，再进行阵列。

① 屋面确定好博缝的位置后，在博缝与第一根椽子的上方绘制好垂脊和第一垄瓦之后，取第一垄瓦到屋面中线的距离 L。

② 设瓦宽为 w，瓦当为 a。公式：$L = n \times (w + a) + 1/2a$

③ 默认 $w = a$，使用公式计算出可以放下几组瓦 n。

④ 将 n 代回公式，设 a 为未知数求出瓦当，保留小数点后 4 位。

在附带文件 Excel 计算器中，有悬山建筑瓦当计算。

2. 悬山正立面图样例

椽子宽 80，瓦宽 100。如图 6-16 所示。

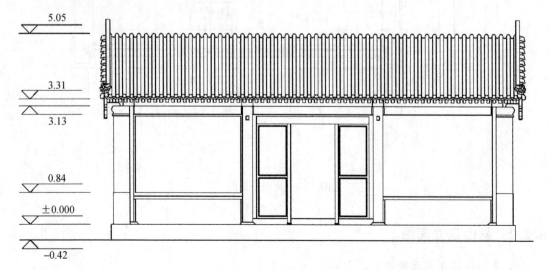

图 6-16　悬山正立面

6.2.3　悬山侧立面图

侧立面图由剖面图绘制而成，悬山建筑剖面图与硬山相近，详见附带文件。

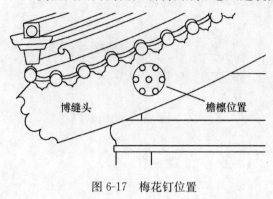

博缝头　　　　　　　　檐檩位置

图 6-17　梅花钉位置

1. 悬山建筑侧立面特点

由于悬山建筑大多使用木制博缝，在侧立面中是可以看到部分木构架的。在剖面图基础上修改，将屋面基线偏移至博缝头后，保留博缝下方的木构架。在博缝上所有檩的位置钉梅花钉，梅花钉共 7 颗，中间一颗钉在檩中心，剩下 6 颗不超出檩。如图 6-17 所示。

2. 悬山侧立面图样例

如图 6-18 所示。

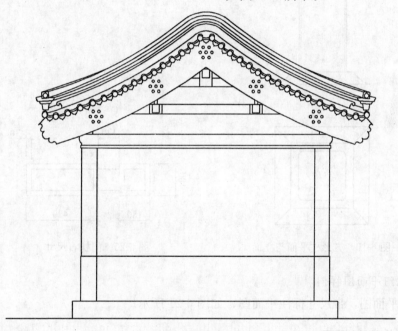

图 6-18　悬山侧立面

6.3　垂　花　门

在学习了悬山建筑的基础上，本节以一个类似悬山建筑的垂花门作实例。垂花门样式：单开间，前后两殿六檩，前殿清水脊，正脊带蝎子尾，后殿脊部双檩卷棚。重点学习垂花门各部分的画法、连续两殿建筑的画法。

6.3.1　垂花门平面图

1. 平面图构件

1）方形柱

（1）方形柱柱体呈正方形，四角做双圆角，方法与门簪绘制方法类似。

（2）柱顶石与鼓镜随柱的形状也呈正方形。

（3）方形柱正立面图中，柱子两边应有圆角投影线。

如图 6-19 所示。

2）柱尺寸

（1）前檐柱边长 240，鼓镜 310，柱顶石 420。

（2）中柱边长 160，鼓镜 210，柱顶石 320。

（3）后檐柱边长 220，鼓镜 280，柱顶石 380。

3）门枕石

尺寸如图 6-20 所示。

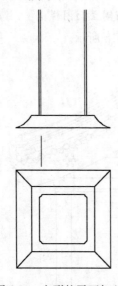

图 6-19　方形柱平面与立面

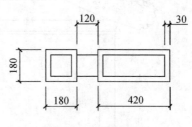

图 6-20　门枕石尺寸

2. 垂花门平面图样例

垂花门平面图，带尺寸标注平面图，如图 6-21 所示。

6.3.2　垂花门剖面图

1. 尺寸及画法

1）台基

（1）台基与硬山建筑类似，台基高度 450，三步台阶高度 150。

（2）按轴线尺寸确立柱子的位置，柱顶石高度 30。

2）后部木构架

（1）后殿可以看作有双檩卷棚顶，绘制方法同硬山建筑，后檐柱柱头标高 3000。

（2）后檐檩三件：檐檩直径 160，檐垫板厚 40，檐枋 80×180。

（3）麻叶抱头梁高 220，垫板高 150，麻叶穿插枋高 160。

（4）前后殿交接处共用天沟檩，檩径 160，枋子 60×60，两檩间距 2250。

（5）中柱柱高到麻叶穿插枋即可。如图 6-22 所示。

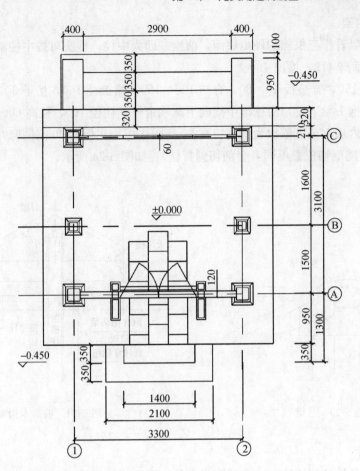

图 6-21　垂花门平面图

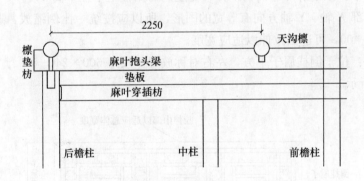

图 6-22　后部木构架

3）月梁及双檩

（1）月梁放置双檩，檩径 160，双檩间距 320，放置在前后两檩 2250 中间。

（2）居中放置月梁及双檩后，步架尺寸 965，按五举计算，举架高 482。

（3）月梁高度 180，枋子 60×60，檩上脊枋条 60×23，椽径 60。

（4）罗锅椽：使用三点画弧，左右两点选择脊枋条内侧顶角点，经过点为檩上皮向上增加一椽径居中位置。如图 6-23 所示。

4）前部木构架

（1）前殿可以看作三根檩的硬山屋面，前檐柱即为中柱，柱头可按中柱画法绘制。步架长度750，五五举高412，檐出460。

（2）脊檩径160，脊垫板40×80，脊枋100×150。檐檩径160，枋子60×60。

（3）从麻叶抱头梁下皮，沿檐檩中线向下画垂帘柱，柱径160，柱高600。

（4）垂帘柱内从上至下依次为：檐枋宽80高同垫板，花板宽30高同麻叶穿插枋，帘笼枋宽80高130（随剖切位置不同，会剖切到折柱）。如图6-24所示。

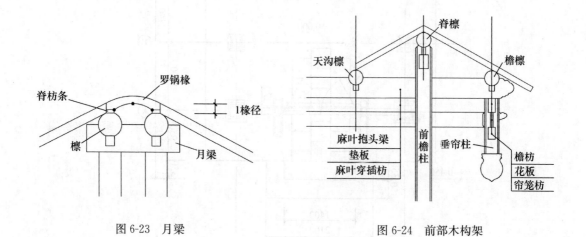

图6-23　月梁

图6-24　前部木构架

5）其他尺寸

以下细部构件均可用块绘制，参照附带文件，可选择练习绘制。

（1）倒挂眉子：位于麻叶穿插枋下方，宽度同后檐柱至中柱，高400。

此类构件内部 X 轴、Y 轴方向有等宽的图形，所以应按统一比例缩放，避免图形变形。绘制时确定高度400，可适当拉伸以适应宽度。

（2）花牙子：位于倒挂眉子下方，左右对称放置。尺寸600×240。

如图6-25所示。

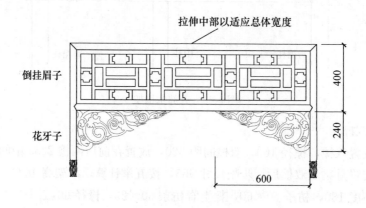

图6-25　倒挂眉子和花牙子

（3）角背：位于麻叶抱头梁上方，前檐柱左右两侧，角背尺寸 268×268。

此类弧线画法操作如下：

① 确定总长，平均分份，份数分得越多，网格越小，绘制图形越精准。总长 268，分 4 份，每份 67。

② 按小份尺寸绘制正方形，并阵列，阵列介于值同小份尺寸。绘制 67 正方形方格，阵列 4 行 4 列，介于值 67。

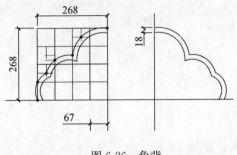

③ 使用多段线［A（角度）］ → ［S（第二点）］绘制弧线，弧线三点取方格交叉点、方格中心点、方格边的中点、1/3 点、1/4 点等处。

④ 对多段线偏移，偏移尺寸 18，镜像到另外一侧。如图 6-26 所示。

图 6-26　角背

（4）麻叶梁头：小方格 11×11，阵列 16 列 20 行。如图 6-27 所示。

另外，麻叶穿插枋出头放置在垂帘柱出头穿插枋 1/2 以上部位。画法与麻叶梁头相似，相对简单，可使用块绘制，或参照附带文件。

（5）花板和骑马雀替位于前檐柱和垂帘柱之间，分别在麻叶穿插枋上方和下方，所以宽度相同。花板与垫板同高，骑马雀替高 218，可用图块绘制。如图 6-28 所示。

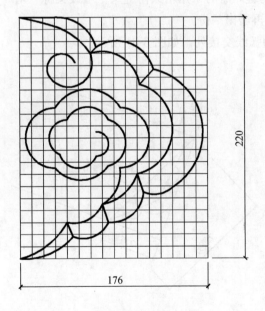

图 6-27　麻叶抱头梁

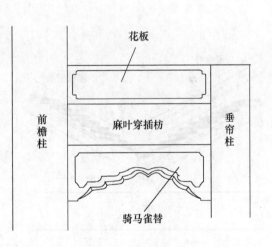

图 6-28　麻叶抱头梁

（6）上槛、门簪：上槛位于槛框上方，居中对齐前檐柱轴线，高度与麻叶穿插枋基本持平。门簪位于上槛左右两侧，门簪前部按立面图投影绘制，门簪后部按图示尺寸绘制。如图 6-29 所示。

（7）前后门、门轴、抱鼓石等相对简单，参照附带文件绘制。

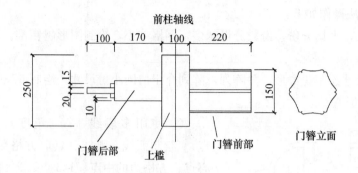

图 6-29　门簪

6）屋面

（1）出檐：前殿出檐 690，后殿出檐 800，椽径 60，望板 15。

（2）瓦：泥被高度 80，瓦 20×175。

（3）前殿梢垄端头标高 3220，后殿垂脊端头标高 3485。

（4）天沟：天沟指前后两殿建筑交接处，从天沟檩上方，向前后铺设椽子、望板。望板、泥被之上铺设天沟沟筒瓦。在侧立面图中，应表现出天沟滴子。如图 6-30 所示。

（5）增鼓博缝头：垂花门等悬山屋面的木博缝，有时采用增鼓博缝头。增鼓又称"增一份"，是指三勺五洒弧线中，从大圆圆心向外侧再增出一份。

博缝宽度 420，弧线角度有所增减，黑点为弧线交接处。如图 6-31 所示。

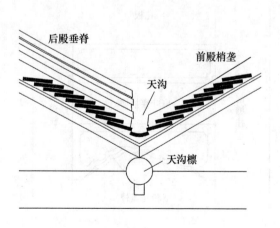

图 6-30　天沟

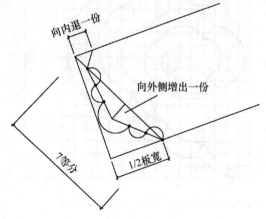

图 6-31　增鼓博缝头

2. 剖面图

如图 6-32 所示。

3. 侧立面图

如图 6-33 所示。

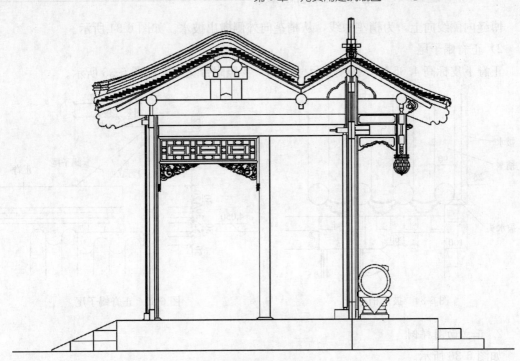

图 6-32　垂花门剖面图

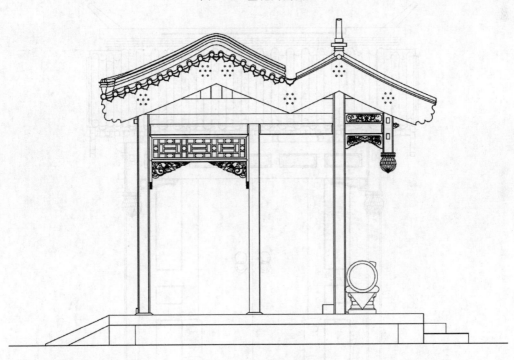

图 6-33　垂花门侧立面图

6.3.3　垂花门正立面图

1. 尺寸及画法

1）垂脊披水梢垄

博缝内侧线向上，为梢垄中线，从梢垄向外侧撇出披水。如图 6-34 所示。

2）正脊蝎子尾

正脊下皮标高 4.05 米，按图示尺寸绘制，参照附带文件。如图 6-35 所示。

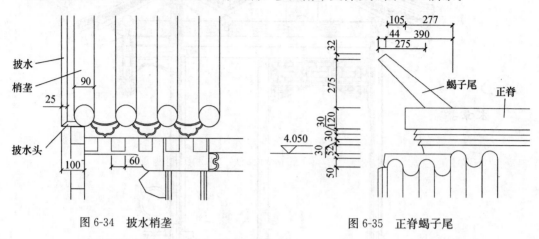

图 6-34　披水梢垄　　　　　　　　　　　　图 6-35　正脊蝎子尾

2. 正立面图样例

如图 6-36 所示。

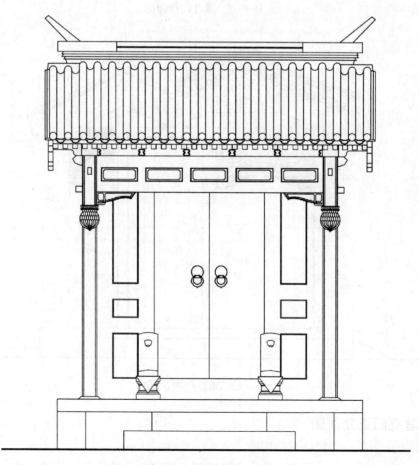

图 6-36　垂花门正立面图

第7章　有翼角建筑制图

本章要点

　　本章介绍有翼角建筑形式的制图，作为初级制图人员的制图训练。掌握攒尖、歇山等有翼角建筑的绘制方法。重点学习翼角的画法、木构架俯视图等。

7.1　攒尖建筑

7.1.1　攒尖平面图

　　按图示绘制攒尖平面图。如图 7-1 所示。

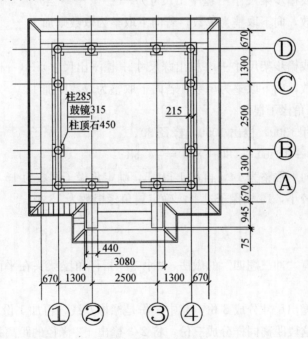

图 7-1　攒尖平面图

7.1.2　攒尖木构架俯视图

　　具体操作如下：

　　① 利用平面图，绘制柱网结构图。如图 7-2（a）所示。

　　② 绘制檐檩宽 342，下方檐枋、檐垫板都被遮蔽，此时柱也应该被遮蔽，暂时不删除

柱。檐檩出头一柱径285。如图7-2（b）所示。

③ 在纵向内侧轴线上画长趴梁，梁头"趴"在檐檩上，尺寸200。

④ 在横向内侧轴线上画短趴梁，梁头"趴"在长趴梁上，超出长趴梁150。如图7-2（c）所示。

⑤ 在柱网中心画雷公柱，柱径285。在内侧纵轴上画金檩，金檩方向同长趴梁，与短趴梁对称出头。修剪各木构件之间的连接处。如图7-2（d）所示。

⑥ 从雷公柱向金檩与短趴梁交接点，画由戗。再向角檐柱方向画角梁，至2/3檐出的位置即大概檐椽位置。继续向外侧延伸出仔角梁，至翼角顶端即翘飞椽的位置。

由戗、角梁、仔角梁同宽190，所以从上向下观看就像一个构件，可用一个矩形绘制。仔角梁具体挑出长度在学会翼角计算之后再做修改。

⑦ 暂不绘制在角檐柱部分可见的柱头角云，阵列角梁。如图7-2（e）所示。

7.1.3 翼角椽

1. 确定翼角椽子根数

清代建筑翼角椽的根数基本都取单数，按翼角疏密排列。

1）小式建筑

公式：（廊步架或檐步架尺寸＋檐平出尺寸）÷（一椽＋一当）

得数就近取单数，向下取整为单数，若向下取整为双数则加1。

2）大式建筑

公式：（廊步架或檐步架尺寸＋斗栱出踩尺寸＋檐平出尺寸）÷（一椽＋一当）

得数就近取单数，向下取整为单数，若向下取整为双数则加1。

3）确定本图翼角椽子根数

本图廊步架尺寸1300，檐出1050，椽径80。

代入公式（1300＋1050）÷（80＋80）＝14.68

就近取单数，向下取整为14，再加1得15。确定角椽子根数为15根。

因四角亭体量较小，15根椽子过密，确定翼角椽根数为13根。

2. 确定基线

1）翼角构造

（1）翼角角梁有"冲三翘四"的做法，"冲三"指仔角梁梁头在平面图中，比檐出增加3椽径。

（2）冲三前，檐出尺寸分成3份，其中2份是檐椽基线，再加1份是飞椽基线。

（3）冲三后，这段距离同样分成三份，将2/3檐出＋2椽径的距离投影到角梁上就是老角梁的长度，将冲三的距离投影到角梁上就是仔角梁的长度。

（4）一般从金檩位置以内，安置普通椽子和飞椽。金檩外侧从平檐出的位置向冲三之后的位置画弧线，产生的曲线就是翼角檐椽和翘飞椽的基线。如图7-3所示。

2）绘制翼角基线

操作如下：

（1）向外侧偏移檐檩轴线，2/3檐出线尺寸700，檐出线尺寸1050。

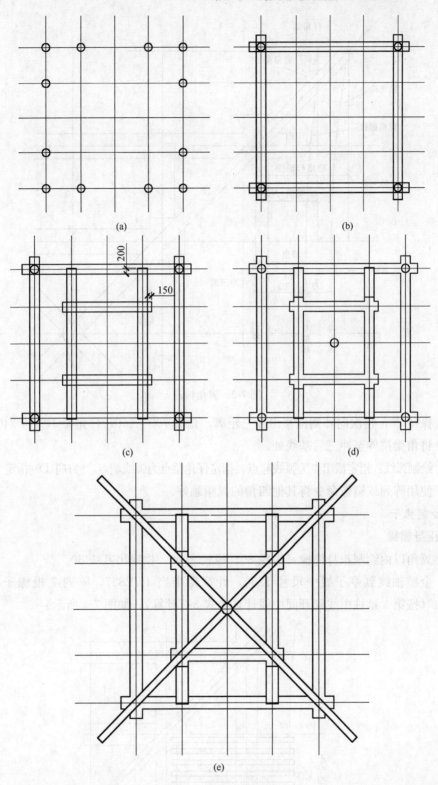

图 7-2　木构架俯视图

(a) 柱网结构图；(b) 檐檩；(c) 长趴梁、短趴梁；(d) 雷公柱、金檩；(e) 由戗、老角梁、仔角梁

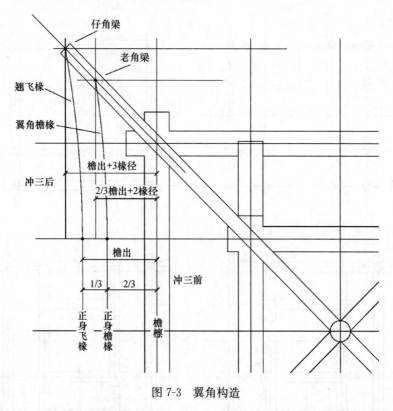

图 7-3　翼角构造

（2）椽径 80，再次向外侧偏移出冲三距离，角梁 700＋160，仔角梁 1050＋240。

（3）将角梁拉伸至冲三后基线处。

（4）绘制弧线：指定檐出点为弧线起点，指定仔角梁点为弧线端点，［方向(D)］指定 90°上方。

（5）使用阵列或镜像命令将其他四角的翼角画好。

3. 绘制椽子

1）正身檐椽

（1）翼角以内绘制正身檐椽，椽径 80、椽长 2000。檐椽出基线 80。

（2）金檩轴线到亭子线中尺寸 1250，计算得半当 49.2857，阵列 7 根椽子，介于值 178.5714（按第 3 章柱中线到开间中线计算公式 3-2 计算）。如图 7-4 所示。

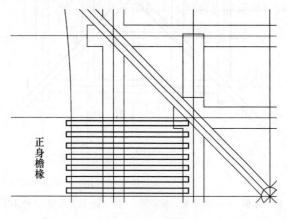

图 7-4　正身檐椽

2）翼角檐椽中线在角梁的位置

（1）绘制翼角椽定位方块，尺寸 64×47.5。

（2）将方块旋转 45°，复制到轴线与角梁交叉处。

（3）沿翼角复制与翼角椽根数相等的方块，倒序排列，最远端的是 1 号椽子。

（4）方块内侧中点即为翼角椽中线的一个端点。如图 7-5 所示。

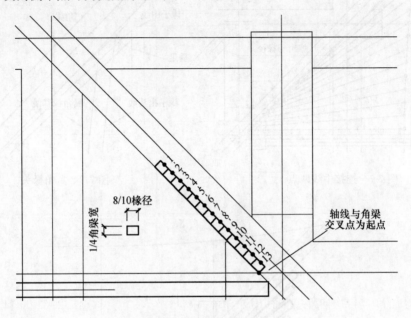

图 7-5　翼角椽中线第一点

3）翼角檐椽中线在冲三后曲线的位置

（1）从正身檐椽的中线至切入翼角 1/4 处画一条多段线，在正身椽起点处画一圆点。

（2）路径阵列该圆点，路径选择多段线，定数等分，数字为"椽子数＋2"。

（3）从正身檐椽到角梁之间的圆点，就是翼角椽子中线的另外一点。倒序排列，靠近翼角的是 1 号椽子。如图 7-6 所示。

4）绘制翼角椽子

（1）将翼角基线向外侧偏移 1 椽径，作为椽子出头线。

（2）连接角梁上面的椽子中线点和翼角椽基线上的中线点。如图 7-7 所示。

（3）将中线向左右偏移各半椽即为椽子本身宽度，从靠近角梁一侧与椽子出头交点，向椽子另一侧画垂线为椽子头。如图 7-8 所示。

（4）两根椽子的尾部会撞在一起，修剪时，相邻两个椽子选择距离角梁远的椽子，修剪掉距离角梁近的椽子。如图 7-9 所示。

4. 组合俯视图

1）绘制飞椽

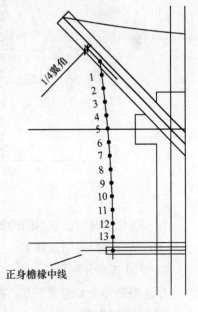

图 7-6　翼角椽中线第二点

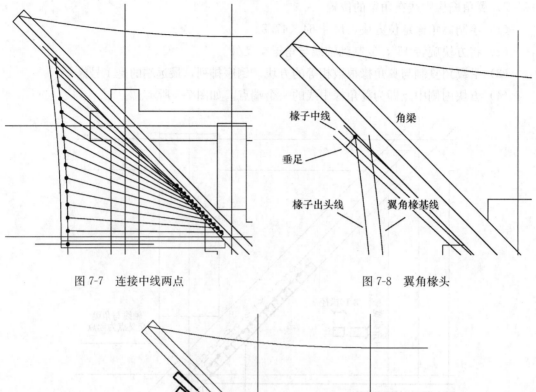

图 7-7　连接中线两点　　　　　　　　　　图 7-8　翼角椽头

椽子中线　　　角梁
垂足
椽子出头线　　翼角椽基线

图 7-9　正身檐椽及翼角檐椽

（1）飞椽绘制方法基本同檐椽，也可将檐椽拉伸到飞椽基线。

（2）从金檩向内侧偏移 175，作为飞椽尾部基线。飞椽尾部向后是檐椽望板。

2）大小连檐及闸挡板

小连檐延伸至大连檐下方，在相邻两个飞椽之间画闸挡板。如图 7-10 所示。

3）组合俯视图

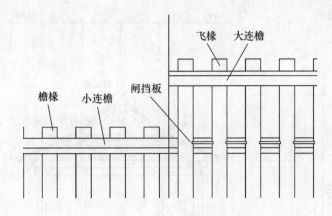

图 7-10　大小连檐及闸挡板

组合俯视图分别表示木构架、檐椽、飞椽、屋面。如图 7-11 所示。

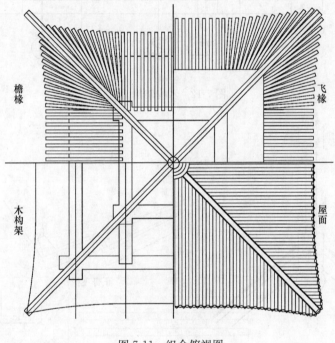

图 7-11　组合俯视图

7.1.4　攒尖剖面图

1. 木构架剖面图

（1）绘制木构架剖面图如图 7-12 所示。

（2）雷公柱尺寸如图 7-13 所示。

2. 翼角剖面图

1）翼角剖面图基线

（1）翼角冲三翘四中，翘四指大连檐在立面高度上要增加 4 椽径。

（2）沿大连檐向屋面外侧画"冲三翘四"斜线，相对坐标"@3 倍椽径，4 倍椽径"。如图 7-14 所示。在较大体型建筑中可按实际延长该基线。

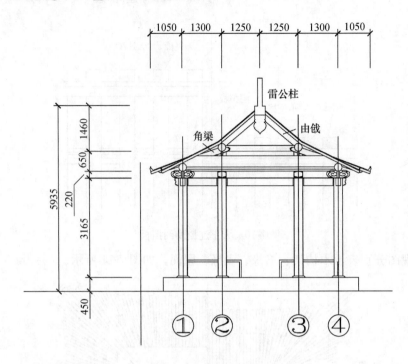

图 7-12　木构架剖面

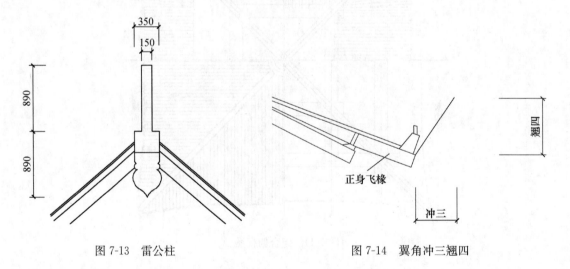

图 7-13　雷公柱　　　　　　　　　图 7-14　翼角冲三翘四

2）其他构件

（1）在基线下方绘制椽子，飞椽只能看到翘出比较大的、靠近角梁的几个。

（2）在大连檐上方按以前绘制屋面的方法，绘制屋面。

（3）在基线上方画筒瓦勾头，每个勾头顶端，偏移一根屋面基线。

（4）绘制仔角梁梁头，方法类似于三岔头的画法。

详细尺寸参照附带文件，如图 7-15 所示。

3．屋面

宝顶与雷公柱组合，细部尺寸参照附带文件。垂脊端头和屋面绘制与硬山建筑方法基本一致。如图 7-16 所示。

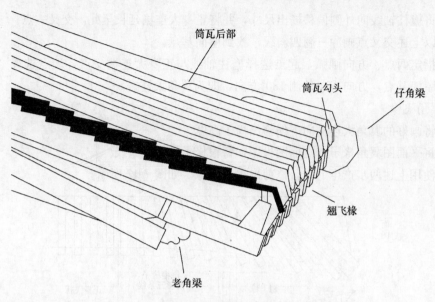

筒瓦后部

筒瓦勾头

仔角梁

翘飞椽

老角梁

图 7-15　翼角剖面详图

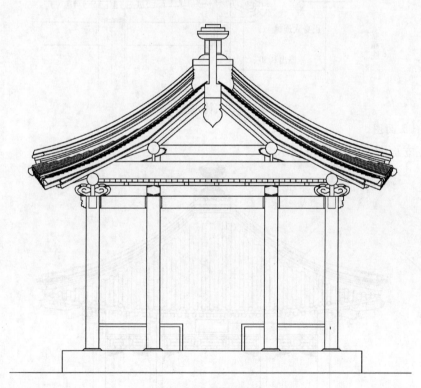

图 7-16　亭子剖面图

7.1.5　攒尖立面图

1. 立面图翼角椽子

1) 确定基线

(1) 按剖面图高度，确定大连檐高度，据此绘制正身飞椽。

(2) 将檐柱轴线向外侧偏移檐出尺寸，并将正身大连檐延长至此，交叉一点。

(3) 以上述交叉点画冲三翘四斜线，找到屋面基点。

(4) 指定两点、方向画弧，起点选择檐柱轴线与正身大连檐交点，端点选择"冲三翘四"后的屋面基点，方向指向外侧180°方向，即为翼角大连檐。

2）翼角飞椽

(1) 将画好的翼角大连檐向下偏移出椽子高度。

(2) 将平面图翼角椽子向立面图投影，每根椽子投影三条线。

(3) 使用上述两步产生的线，修剪出翼角飞椽。如图 7-17 所示。

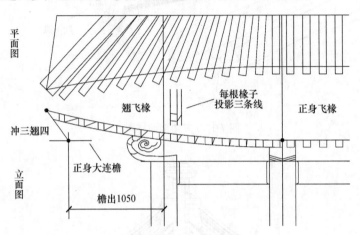

图 7-17　飞椽正立面图

2. 亭子立面图

完成正立面图。如图 7-18 所示。

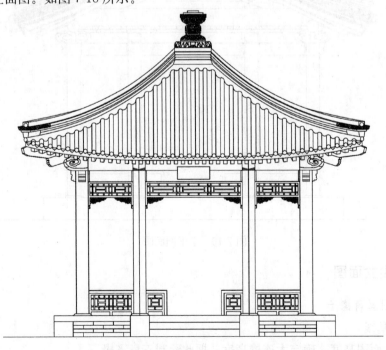

图 7-18　亭子正立面图

7.2 小式歇山建筑

7.2.1 歇山平面图

歇山建筑为三开间，前有廊式建筑。如图 7-19 所示

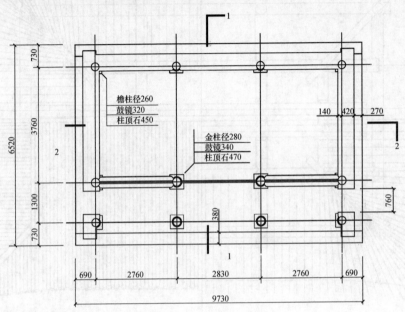

图 7-19 歇山平面图

7.2.2 歇山剖面图

歇山的 1-1 剖面图，如图 7-20 所示。

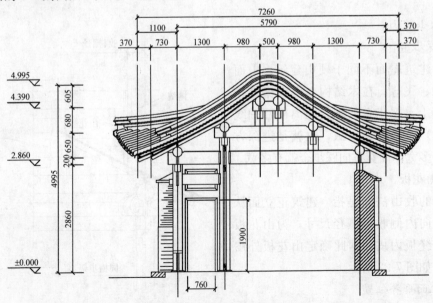

图 7-20 歇山 1-1 剖面图

7.2.3 组合俯视图

如图 7-21 所示。

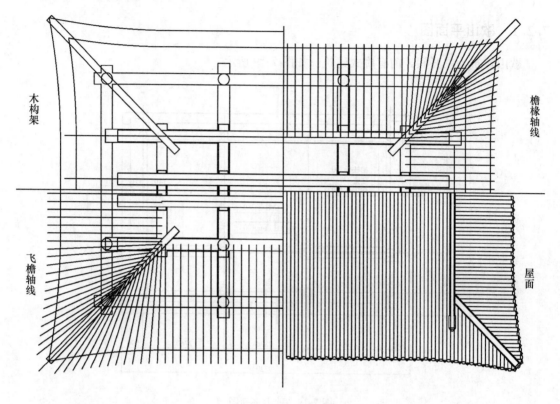

木构架

檐椽轴线

飞檐轴线

屋面

图 7-21 组合俯视图

7.2.4 正立面木构架图

1. 歇山收山

1）踩步金

歇山建筑屋面不同于硬山建筑，山面也有檐椽、飞椽。在木结构上山面檐椽搭在踩步金上。踩步金的轴线距离檐柱轴线与檐（廊）步架保持一致，也就是进深方向檐步架多宽，面宽方向踩步金就有多宽。

2）山花板

歇山的收山法则是指，建筑正立面从檐柱轴线向内侧收一檩径尺寸，为山花板外皮和博缝板内皮。据此确定山花板外皮的位置。如图 7-22 所示。

2. 立面垂脊位置

1）垂脊位置

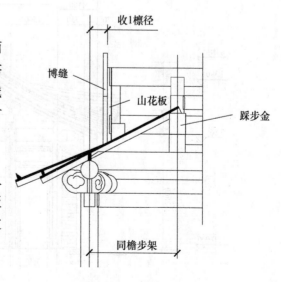

收1檩径

博缝

山花板

踩步金

同檐步架

图 7-22 歇山收山

　　正立面图中，博缝再向外侧就是垂脊，加上瓦件尺寸，垂脊应在檐柱轴线内侧。

　　2）正立面瓦

　　垂脊下方应正对瓦当和滴子，据此左右两侧分别阵列勾头和滴子。如图 7-23 所示。

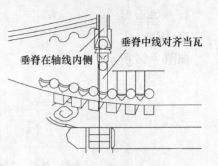

图 7-23　立面垂脊位置

7.2.5　立面图

　　1. 正立面图

　　如图 7-24 所示。

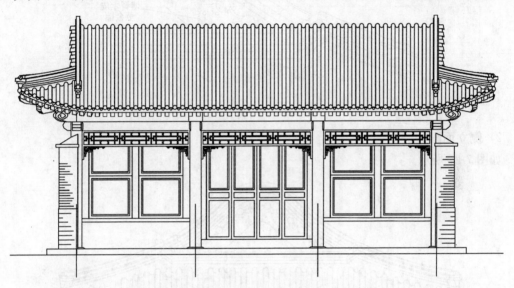

图 7-24　正立面图

　　2. 背立面图

　　如图 7-25 所示。

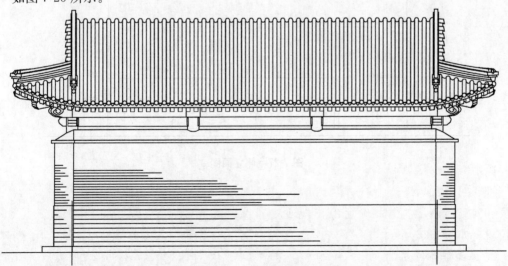

图 7-25　背立面图

3. 侧立面图

1）博脊

如图 7-26 所示。

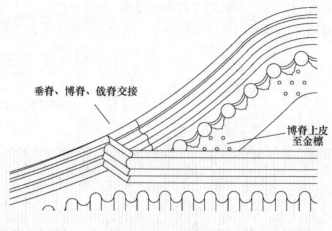

垂脊、博脊、戗脊交接

博脊上皮
至金檩

图 7-26　博脊

2）侧立面图

如图 7-27 所示。

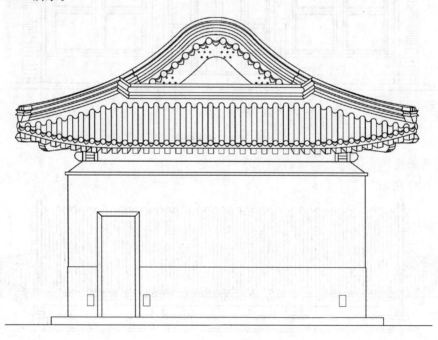

图 7-27　侧立面图

第 8 章　有斗栱歇山和庑殿建筑制图

本章要点

本章介绍大式歇山、庑殿建筑形式的制图，作为初级制图人员的制图训练。掌握斗栱、大式歇山、庑殿等建筑的绘制方法。重点学习斗栱的画法、大式建筑制图。

8.1　斗　　栱

8.1.1　斗栱分类

1. 大式建筑与小式建筑的区别

明清官式古建筑分为大式建筑与小式建筑，主要区别在于是否使用斗栱。

1）权衡尺寸

小式建筑以檐柱径计算其他构件尺寸，大式建筑以斗口为权衡计算。

2）木构架变化

（1）在大式建筑中的檩通称"桁"，如挑檐桁、金桁等。

（2）枋在大式建筑中，分为小额枋、大额枋，大小额枋中间是垫板。

（3）在大额枋上方有平板枋，平板枋以上是各类斗栱。

2. 斗栱分类

1）平身科

在平板枋之上的是平身科斗栱，单体建筑中数量最多的斗栱形式。正立面图中应表现平身科斗栱的正面图，在剖面图中应表现出平身科斗栱的侧立面、背立面、剖面图。

2）柱头科

在柱子上方的是柱头科斗栱，一个单体建筑每根柱子，除了四角檐柱之外，上方就是柱头科斗栱。柱头科斗栱与平身科斗栱表现方法基本一致。

3）角科

在大式建筑四角檐柱上方是角科斗栱，角科斗栱是三种斗栱中做法最复杂的。角科斗栱出昂与角梁类似，呈 45°角。所以角科斗栱从正立面和侧立面观看外形基本一致，另外剖切到角科斗栱的时候，还应该表现角科斗栱的剖面图。

如图 8-1 所示。

3. 斗栱位置

1）斗栱位置

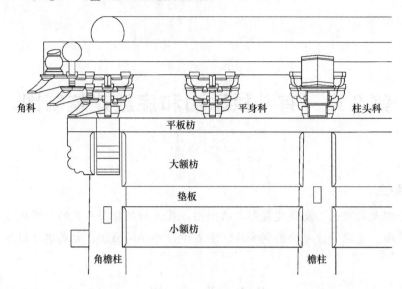

图 8-1　斗栱分类

角科和柱头科斗栱放置在柱上，坐斗中线对齐柱中线。每开间平身科斗栱空当坐中。开间中线左侧和右侧平身科斗栱个数相同，所以每开间平身科斗栱为双数。

2）绘制方法

绘图时，先将角科和柱头科斗栱放好。将柱中到柱中的距离等分成单数份。等分点就是平身科斗栱坐斗居中的位置。

图 8-1 中两柱之间可以放下 2 个平身科斗栱，所以将轴线间距等分成 3 份，将平身科斗栱移动到两个等分点上。如图 8-2 所示。

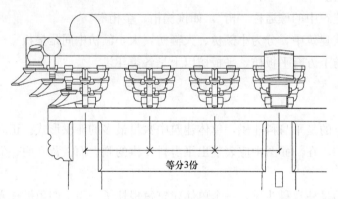

图 8-2　平身科空当坐中

8.1.2　斗栱拆分

目前多用块命令绘制斗栱，斗栱的块文件中包含各种各样斗栱形式，根据斗口缩放即可使用。在充分了解斗栱各部位名称、尺寸的情况下，可以尝试自己绘制一个斗栱。

1. 坐斗

按图示绘制坐斗。如图 8-3 所示。

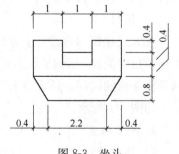

图 8-3　坐斗

斗栱最下方即为坐斗，大式建筑中斗口尺寸，就是指坐斗上部中间缺口处的尺寸。该坐斗斗口尺寸为 80。斗栱拆分构件尺寸的单位均按"斗口"标注。

2. 翘

按图示尺寸绘制，如图 8-4 所示。

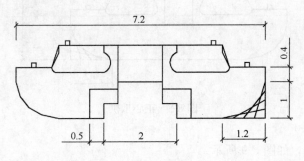

图 8-4　翘

注意斗栱各部件两侧卷杀绘制，并不是一条弧线，而是指定尺寸等分，按顺序连线，修剪后所得。如图 8-5 所示。

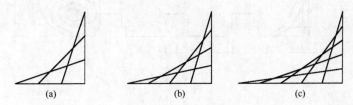

图 8-5　卷杀绘制

(a) 万栱卷杀等分三份；(b) 瓜栱（翘）卷杀等分四份；(c) 厢栱卷杀等分五份

3. 正心万栱

按图示尺寸绘制，如图 8-6 所示。

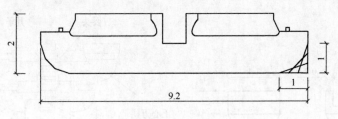

图 8-6　正心万栱

4. 厢栱

按图示尺寸绘制，如图 8-7 所示。

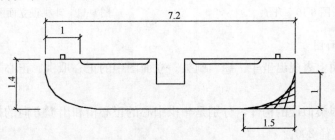

图 8-7　厢栱

5. 正心瓜栱

按图示尺寸绘制，如图 8-8 所示。

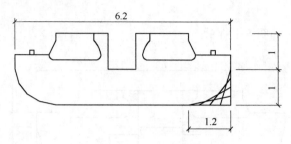

图 8-8　正心瓜栱

6. 耍头（蚂蚱头）

按图示尺寸绘制，如图 8-9 所示。

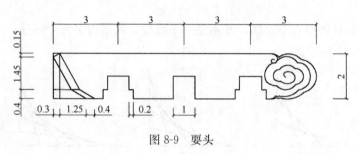

图 8-9　耍头

7. 升子

按图示尺寸绘制，如图 8-10 所示。

8. 斗栱正立面图

自下而上组合坐斗、正心瓜栱、正心万栱、厢栱。立面部分翘和耍头只表现几根横向投影线。按遮蔽关系修剪，如图 8-11 所示。

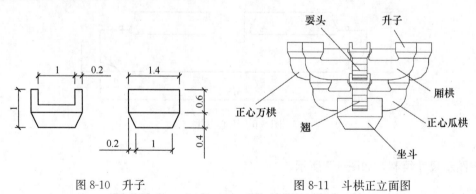

图 8-10　升子　　　　　　　　图 8-11　斗栱正立面图

9. 斗栱侧立面图

剖面图自下而上表现出坐斗、翘、刷头。立面图中的正心瓜栱、正心万栱、厢拱卷杀投影到剖面图。

剖面可见两根类似檩的构件，分别是斗栱中心的正心桁和出檐方向的挑檐桁。正心桁直径 260，挑檐桁直径 200。

檐椽落在这两个桁上，檐椽步架通常为五举，所以两个桁的位置关系也应符合五举。高

度用桁下的枋子控制，桁总体高度应保证落下檐椽
之后能够高于斗栱的其他构件。

如图 8-12 所示。

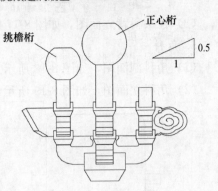

图 8-12　斗栱侧立面图

8.1.3　斗栱详图

本章第 2 节歇山建筑中使用的斗栱详图如下。
在附带文件中，有斗栱的图形，可自行尝试绘制。

1. 平身科

（1）平身科正立面图，如图 8-13 所示。

（2）平身科背立面图，如图 8-14 所示。

（3）平身科剖面图，如图 8-15 所示。

2. 柱头科

（1）柱头科正立面图，如图 8-16 所示。

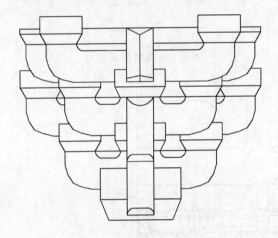

图 8-13　平身科正立面图

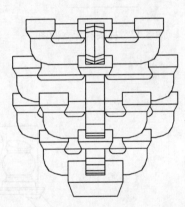

图 8-14　平身科背立面图

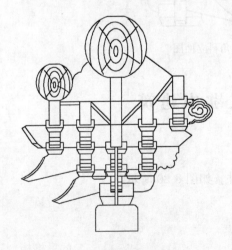

图 8-15　平身科剖面图

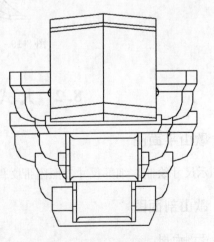

图 8-16　柱头科正立面图

（2）柱头科背立面图，如图 8-17 所示。

3．角科

（1）角科剖面图，如图 8-18 所示。

（2）角科立面图，如图 8-19 所示。

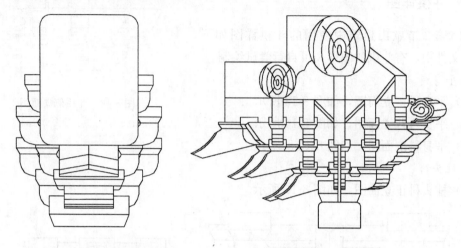

图 8-17　柱头科背立面图　　　　　　　图 8-18　角科剖面图

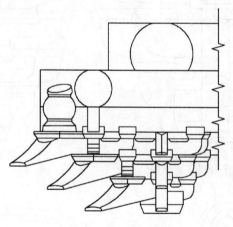

图 8-19　角科立面图

8.2　大式歇山建筑

8.2.1　歇山平面图

按图示尺寸绘制，细部尺寸参照附带文件。如图 8-20 所示。

8.2.2　歇山剖面图

1．1-1 剖面图

图 8-20 中的 1-1 剖面在房屋中心线，表现歇山的主要木构架，在檐柱上方可以看到平

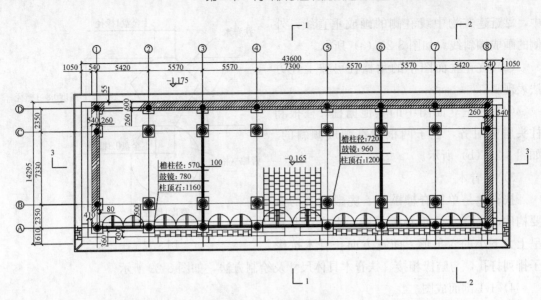

图 8-20　歇山平面图

身科斗栱的剖面图。基本画法与小式歇山类似，有以下几点不同：

1）额枋

大式建筑中，大小额枋、平板枋等构件，应用圆角处理。如图 8-21（a）所示。

2）柱子的掰升与收分

现在大部分古建设计图中都不显示出柱子的掰升与收分。体量过大的建筑可按以下方法表现：

（1）在剖面图中，柱根按照柱子尺寸绘制，柱头按收分后的尺寸绘制。柱子的两条线

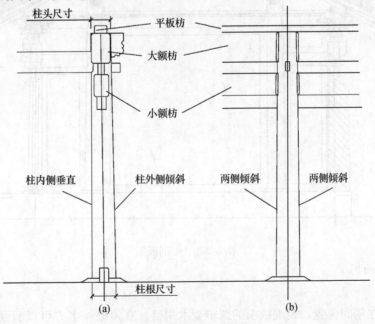

图 8-21　柱子掰升、收分

（a）角檐柱；（b）檐柱

中，靠近建筑物中线一侧的画成垂直线，外侧的画成倾斜线。如图 8-21（a）所示。

（2）在正立面图中的角檐柱可按上述方法表现。

（3）在正立面图中的其他檐柱，柱根和柱头居中对齐，柱子两根线都画成倾斜的。如图 8-21（b）所示。

3）扶脊木

扶脊木是单根脊檩歇山、庑殿建筑的重要构件，扶脊木位于脊檩（桁）上方，形状呈上大下小的六角形。面宽方向扶脊木按椽子排列打孔，与脑椽相接。扶脊木具体尺寸及绘制方法，如图 8-22 所示。

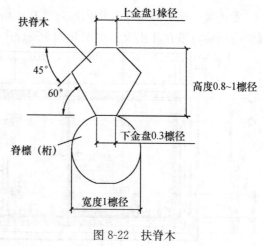

图 8-22　扶脊木

4）1-1 剖面成图

图 8-20 中的 1-1 剖面如图 8-23 所示。

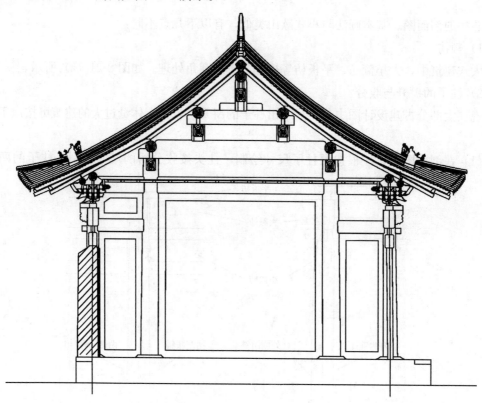

图 8-23　1-1 剖面图

2. 2-2 剖面图

1）角梁

2-2 剖面在梢间位置，表现歇山的踩步金木构架。在角檐柱上方可以看到角科斗栱的剖面图。山面可以看到柱头科和平身科斗栱的背立面图。在踩步金可以看到角梁。基本画法与 1-1 剖面类似。

老角梁一端上方挖出金桁桁碗，压在金桁下方。另一端向角科斗栱延伸，挖出正心桁和挑檐桁桁碗，搭在斗栱上。如图 8-24 所示。

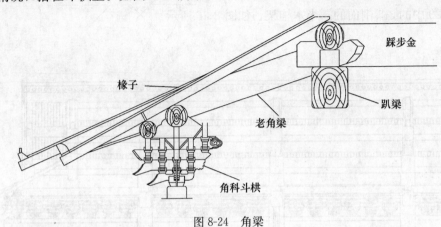

图 8-24　角梁

2）2-2 剖面成图

图 8-20 中的 2-2 剖面如图 8-25 所示。

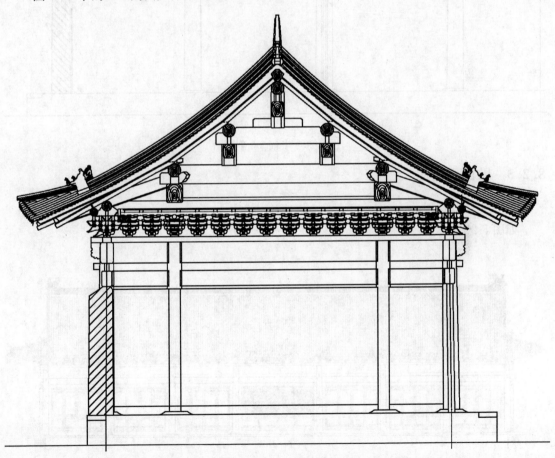

图 8-25　2-2 剖面图

3. 3-3 剖面图

3-3 剖面位于房屋中线位置，表现歇山建筑面宽方向木构架。在此图中应表现出柱子的

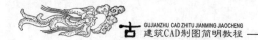

掰升和收分、歇山屋面的收山、踩步金及角梁等。角科斗栱的剖面图、平身科斗栱的背立面图、面宽方向的剖面图还能表现出木构架各举架高度的变化、扶脊木上为椽子开的圆孔等。

图 8-20 中的 3-3 剖面的一半木构架，如图 8-26 所示。

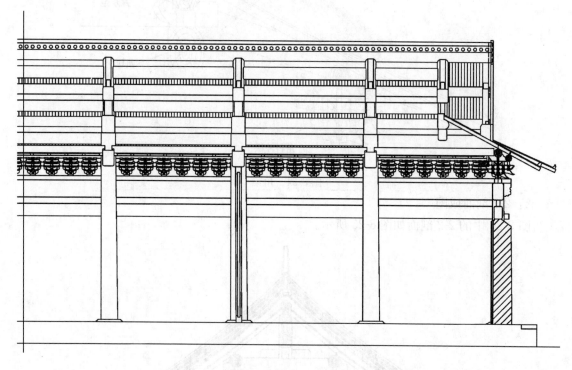

图 8-26　半幅 3-3 剖面图

8.2.3　歇山立面图

1. 歇山正立面图

如图 8-27 所示。

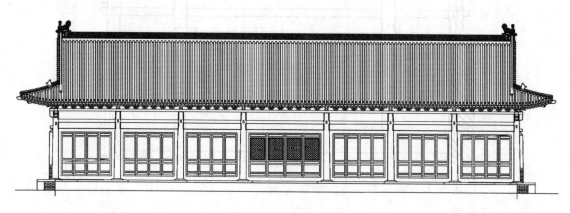

图 8-27　歇山正立面图

2. 歇山侧立面图

如图 8-28 所示。

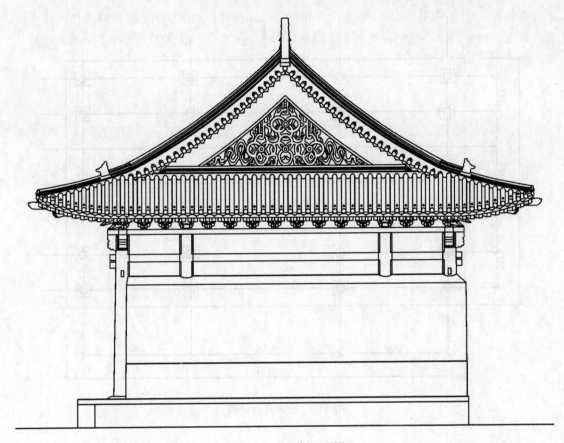

图 8-28 歇山侧立面图

8.3 庑殿建筑

8.3.1 庑殿推山

庑殿建筑是中国古建筑等级最高的建筑，绘制庑殿建筑的要点是掌握庑殿推山法则。本节以一个三间七檩庑殿建筑为例，重点学习如何绘制庑殿推山。

1. 庑殿柱网结构

如图 8-29 所示。

2. 剖面图

根据柱网结构和檐柱径权衡尺寸绘制 1-1 剖面图。按步架相等的规则进行绘制，檐步架、金步架、脊步架宽度都是 x，檐步架五举、金步架七举、脊步架九举。

图 8-29 中的 1-1 剖面如图 8-30 所示。

3. 庑殿推山

1）确定檩的高度

在上图的 1-1 剖面图中，并不能看出庑殿的推山。但可以确定步架宽度和各檩的高度。

2）推山过程

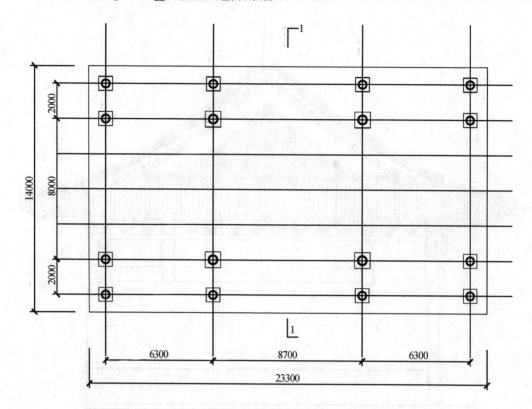

图 8-29　庑殿柱网结构

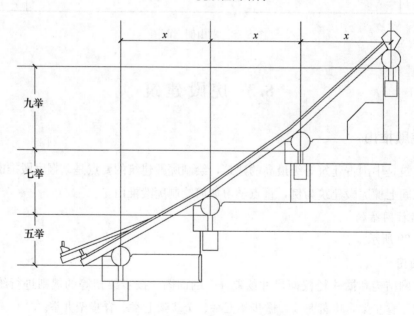

图 8-30　1-1 剖面

（1）庑殿推山的变化，主要是在靠近角檐柱的一侧。面宽方向为角檐柱向房屋内侧，再推出一组金檩与原面宽方向的金檩相交。这样房屋山面也形成坡屋面，组成一正脊、四垂脊、四坡屋面的庑殿建筑典型特征。如图 8-31 所示。

（2）从角檐柱向内侧推出第一步，尺寸与檐步架 x 相同。房屋进深方向的下金檩，与

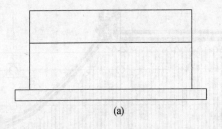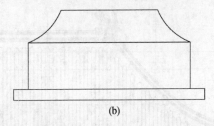

(a)　　　　　　　　　　　　　　　　(b)

图 8-31　庑殿推山示意图

面宽方向下金檩高度相同，两金檩相交处下方由交金瓜柱相承。交金处上方向外侧角檐柱方向延伸出老角梁和子角梁。翼角飞翘也使用"冲三翘四"的法则。

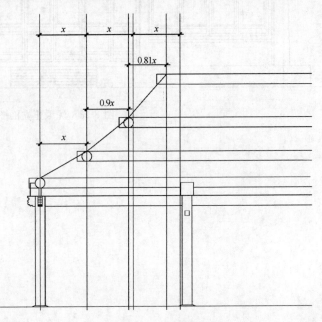

（3）正立面从交金处向内侧再推第二步，尺寸减少 10%。逐步减少推山尺寸，使得山面曲线显得更加陡峭。推出后与上金檩相交，形式同下金檩。

（4）从上金檩相交处再向内推第三步，尺寸减少上一步的10%，推出尺寸是第一步尺寸×0.9×0.9。从上金檩相交处向下金檩相交处搭由戗，向脊部搭脊由戗。脊檩和扶脊木延伸至此，下方由雷公柱和太平梁相承。

以上推山过程如图 8-32 所示。

图 8-32　庑殿推山过程

3）推山法则

（1）庑殿推山的第一步，也就是檐廊步架不减少尺寸。

（2）在庑殿山面各步架相等的情况下，推山以后各步架尺寸分别比上一步架减少 10%。如步架原尺寸为 x，推山各步架长度为 X_0，X_1，X_2，X_3……

推山步架尺寸分别为：

$X_0 = 0.9^0 x = 1x$（檐步架不减少）

$X_1 = 0.9^1 x = 0.9x$

$X_2 = 0.9^2 x = 0.81x$

$X_3 = 0.9^3 x = 0.729x$

……

8.3.2　庑殿正立面图

根据推山之后的屋架曲线，绘制庑殿正立面图。

如图 8-33 所示。

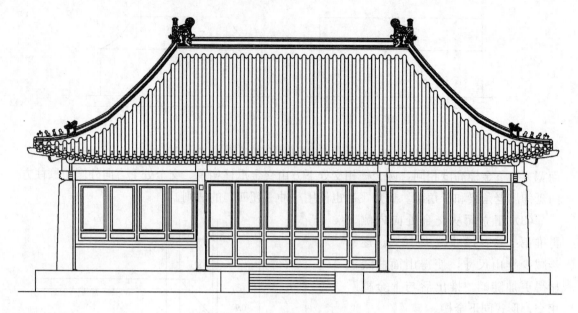

图 8-33　庑殿正立面图

附　表

附表 1　CAD 常用命令一览表

命令名称	命令缩写/命令全称	快捷键	工具栏
直线	L/Line	Alt+D+L	
矩形	REC/Rectang	Alt+D+G	
多段线	PL/Pline	Alt+D+P	
圆	C/Circle	Alt+D+C	
图案填充	H/Hatch	Alt+D+H	
圆弧	A/Arc	Alt+D+A	
多边形	POL/Polygon	Alt+D+Y	
椭圆	EL/Ellipse	Alt+D+E	
定数等分	DIV/Divide	Alt+D+O+D	
定义块	B/Block	Alt+D+K+M	
插入块	I/Insert	Alt+I+B	
编辑块	BE/Bedit	Alt+T+B	

命令名称	命令缩写/命令全称	快捷键	工具栏
清理（块）	PU/Purge	Alt＋F＋U＋P	
设计中心	AD/Adcenter		
移动	M/Move	Alt＋M＋V	
镜像	MI/Mirror	Alt＋M＋I	
偏移	O/Offset	Alt＋M＋S	
复制	CO/Copy	Alt＋M＋Y	
删除	E/Erase	Alt＋M＋E	
修剪	TR/Trim	Alt＋M＋T	
打断	BR/Break	Alt＋M＋K	
合并	J/Join	Alt＋M＋J	
延伸	EX/Extend	Alt＋M＋D	
倒角	CHA/Chamfer	Alt＋M＋C	
拉伸	S/Stretch	Alt＋M＋H	
圆角	F/Fillet	Alt＋M＋F	

命令名称	命令缩写/命令全称	快捷键	工具栏
旋转	RO/Rotate	Alt＋M＋R	
拉长	LEN/Lengthen	Alt＋M＋G	
缩放	SC/Scale	Alt＋M＋L	
分解	X/Explode	Alt＋M＋X	
图层	LA/Layer	Alt＋O＋L	
标注样式	D/Dimstyle	Alt＋O＋D	
线性标注	DLI/Dimlinear	Alt＋N＋L	
对齐标注	DAL/Dimaligned	Alt＋N＋G	
角度标注	DAN/Dimangular	Alt＋N＋A	
半径标注	DRA/Dimradius	Alt＋N＋R	
直径标注	DDI/Dimdiameter	Alt＋N＋D	
打印样式	Stylemanager	Alt＋O＋Y	
字体样式	ST/Stylt	Alt＋O＋S	
单行文字	DT/Text	Alt＋D＋X＋S	单行文字

命令名称	命令缩写/命令全称	快捷键	工具栏
多行文字	T 或 MT/Mtext	Alt＋D＋X＋M	**A** 多行文字
表格样式	TS/Tablestyle	Alt＋O＋B	
表格	TB/Table		
矩形阵列	Arrayrect		
环形阵列	Arraypolar		
路径阵列	Arraypath		

附表 2 小式建筑权衡尺寸表　　　　　　　　（柱径 D）

类别	构件名称	长	宽	高	厚（或进深）	径	备注
柱类	檐柱（小檐柱）			$11D$ 或 8/10 明间面宽		D	
	金柱（老檐柱）			檐柱高加廊步五举		$D+1$ 寸	
	中柱			按实计		$D+2$ 寸	
	山柱			按实计		$D+2$ 寸	
	重檐金柱			按实计		$D+2$ 寸	
梁类	抱头梁	廊步架加柱径一份		$1.4D$	$1.1D$ 或 $D+1$ 寸		
	五架梁	四步架加 $2D$		$1.5D$	$1.2D$ 或 金柱径＋1 寸		
	三架梁	二步架加 $2D$		$1.25D$	$0.95D$ 或 4/5 五架梁厚		
	递角梁	正身梁加斜		$1.5D$	$1.2D$		
	随梁			D	$0.8D$		
	双步梁	二步架加 D		$1.5D$	$1.2D$		
	单步梁	一步架加 D		$1.25D$	4/5 双步梁厚		

类别	构件名称	长	宽	高	厚（或进深）	径	备注
梁类	六架梁			1.5D	1.2D		
	四架梁			5/6 六架梁高或 1.4D	4/5 六架梁厚或 1.1D		
	月梁（顶梁）	顶步架加 2D		5/6 四架梁高	4/5 四架梁厚		
	长趴梁			1.5D	1.2D		
	短趴梁			1.2D	D		
	抹角梁			1.2~1.4D	1~1.2D		
	承重梁			D+2 寸	D		
	踩步梁			1.5D	1.2D		歇山
	踩步金			1.5D	1.2D		歇山
	太平梁			1.2D	D		
枋类	穿插枋	廊步架＋2D		D	0.8D		
	檐枋	随面宽		D	0.8D		
	金枋	随面宽		D 或 0.8D	0.8D 或 0.65D		
	上金、脊枋	随面宽		0.8D	0.65D		
	燕尾枋	随檩出梢		同垫板	0.25D		
檩类	檐、金、脊					D 或 0.9D	
	扶脊木					0.8 檩径	
垫板类	檐垫板、老檐垫板			0.8D	0.25D		
	金、脊垫板			0.65D	0.25D		
	柁墩	2D	0.8 上架梁厚	按实计			
柱瓜类	金瓜柱	D		按实计	0.8 上架梁厚		
	脊瓜柱	D~0.8D		按举架	0.8 三架梁厚		
	角背	一步架		1/2~1/3 脊瓜柱高	1/3 自身高		
角梁类	老角梁			D	2/3D		
	仔角梁			D	2/3D		
	由戗			D	2/3D		
	凹角老角梁			2/3D	2/3D		
	凹角梁盖			2/3D	2/3D		
椽子	圆椽					1/3D	
	方、飞椽	1/3D			1/3D		
	花架椽	1/3D			1/3D		
	罗锅椽	1/3D			1/3D		
连檐	大连檐	0.4D 或 1.2 椽径			1/3D		
	小连檐	1/3D			1.5 望板厚		

类别	构件名称	长	宽	高	厚（或进深）	径	备注
望板	横望板				1/15D 或 1/5 椽径		
	顺望板				1/9D 或 1/3 椽径		
瓦口	瓦口				同横望板		
衬头木	衬头木				1/3D		
歇山	踏脚木		D		0.8D		
	草架柱		0.5D		0.5D		
	穿		0.5D		0.5D		
	山花板				1/3～1/4D		
悬山	博缝板	2D～2.3D 或 6～7椽径			1/3～1/4D 或 0.8～1椽径		
	挂落板				0.8椽径		
	沿边板				0.5D+1寸		
楼房内部	楼板				1.5D～2寸		
	楞木				0.5D+1寸		

附表3 大式建筑权衡尺寸表　　　　　　　　　　　　（斗口）

类别	构件名称	长	宽	高	厚（或进深）	径	备注
柱类	檐柱			70（至挑檐桁下皮）		6	含斗栱高
	金柱			檐柱加廊步架五举		6.6	
	中柱			按实计		7	
	山柱			按实计		7	
	重檐金柱			按实计		7.2	
	童柱			按实计		5.2 或 6	
梁类	桃尖梁	廊步架+斗栱出踩+6斗口		正心桁中至耍头下皮	6		
	桃尖假梁头	平身科栱全长+3斗口		正心桁中至耍头下皮	6		
	桃尖顺梁	稍间面宽+斗栱出踩+6斗口		正心桁中至耍头下皮	6		
	随梁			4斗口 +1/100长	3.5斗口 +1/100长		
	趴梁			6.5	5.2		
	踩步金			7斗口+1/100长或同五、七架梁高	6		断面与对应正身梁相等

类别	构件名称	长	宽	高	厚（或进深）	径	备注
梁类	踩步金枋 踩步随梁枋			4	3.5		
	递角梁	对应正身梁 加斜		同对应正身 梁高	同对应正身 梁厚		建筑转折 处之斜梁
	递角随梁			4斗口 +1/100 长	3.5斗口 +1/100 长		递角梁下 之辅助梁
	抹角梁			6.5斗口 +1/100 长	5.2斗口 +1/100 长		
	七架梁	六步架 +2檩径		8.4 或 1.25 倍厚	7		六架梁 同此宽厚
	五架梁	四步架 +2檩径		7斗口或七架 梁高的 5/6	5.6斗口或七 架梁厚的 4/5		四架梁同 此宽厚
	三架梁	二步架 +2檩径		5/6 五架梁高	4/5 五架梁厚		月梁同此宽厚
	三步梁	三步架 +1檩径		同七架梁	同七架梁		
	双步梁	二步架 +1檩径		同五架梁	同五架梁		
	单步梁	一步架+1檩径		同三架梁	同三架梁		
	顶梁 （月梁）	顶步架 +2檩径		同三架梁	同三架梁		
	太平梁	二步架+檩 金盘一份		同三架梁	同三架梁		
	踏脚木			4.5	3.6		用于歇山
	穿			2.3	1.8		用于歇山
	天花梁			6斗口 +2/100 长	4/5 高		
	承重梁			6斗口+2寸	4.8斗口+2寸		
	帽儿梁					4+2/100 长	天花骨干构件
	贴梁		2		1.5		天花边框
枋类	大额枋	按面宽		6	4.8		
	小额枋	按面宽		4	3.2		
	重檐上大额枋	按面宽		6.6	5.4		
	单额枋	按面宽		6	4.8		
	平板枋	按面宽	3.5	2			
	金、脊檩	按面宽		3.6	3		

类别	构件名称	长	宽	高	厚（或进深）	径	备注
枋类	燕尾枋	按出梢		同垫板	1		
	乘椽枋	按面宽		5～6	4～4.8		
	天花枋	按面宽		6	4.8		
	穿插枋				4	3.2	清营造则例称随梁
	跨空枋				4	3.2	
	棋枋				4.8	4	
	间枋	按面宽			5.2	4.2	用于楼房
桁檩	挑檐桁					3	
	正心桁	按面宽				4～4.5	
	金桁	按面宽				4～4.5	
	脊桁	按面宽				4～4.5	
	扶脊木	按面宽				4	
瓜柱	柁墩	2檩径	按上层梁厚收2寸		按实际		
	金瓜柱		厚+1寸	按实际	按上一层梁收2寸		
	脊瓜柱		同三架梁	按举架	三架梁厚收2寸		
	交金墩		4.5		按上层柁厚收2寸		
	雷公柱		同三架梁厚		三架梁厚收2寸		庑殿
	角背	一步架		1/2～1/3脊瓜柱高	1/3高		
垫板角梁	由额垫板	按面宽		2	1		
	金、脊垫板	按面宽	4		1		可酌减
	燕尾枋		4		1		
	老角梁			4.5	3		
	仔角梁			4.5	3		
	由戗			4～4.5	3		
	凹角老角梁			3	3		
	凹角盖梁			3	3		
椽子	方椽、飞椽		1.5		1.5		
	圆椽					1.5	
连檐	大连檐		1.8	1.5			同里口木
	小连檐		1		1.5望板厚		

类别	构件名称	长	宽	高	厚（或进深）	径	备注
望板	顺望板				0.5		
	横望板				0.3		
瓦口	瓦口				同望板		
衬头木	衬头木			3	1.5		
桁檩	踏脚木			4.5	3.6		
	穿			2.3	1.8		
	草架柱			2.3	1.8		
	燕尾枋			4	1		
	山花板				1		
	博缝板	8			1.2		
	挂落板				1		
	滴珠板				1		
	沿边木			同楞木或+1寸	同楞木		
	楼板				2寸		
	楞木	按面宽		1/2承重高	2/3自身高		

附表4　攒尖建筑权衡尺寸表　（大式斗口、小式檐柱径D）

类别	构件名称	长	宽	高	厚	径	备注
柱类	檐柱			70		5~6	大式柱高由台明至挑檐桁下皮
				10~13D		1/10~1/13柱高	
	重檐金柱			按实计		6.2~7.2	
						1.2D	
	垂柱			按实计		4~5	
						0.8~1D	
	童柱			按实计		4~5	
						0.8~1D	
	雷公柱	按实计				5~7	
						1~1.5D	
梁类	五架梁	四步架+梁头2份		6~7	4.8~5.6		多见于歇山式凉亭
		1.5D			1.1D		
	三架梁	二步架+梁头2份		5~6	4~4.5		多见于歇山式凉亭
		1.2~1.3D			0.9D		
	随梁	按进深		3.6~4	3~3.2		多见于歇山式凉亭
		D			0.6~0.8D		
	桃尖梁	廊步架加斜+斗栱出踩+6斗口		正心桁中至耍头下皮	5~6		多见于大式重檐方亭

续表

类别	构件名称	长	宽	高	厚	径	备注
梁类	斜桃尖梁	正桃梁加斜		正心桁中至要头下皮	5~6		多见于重檐六、八角亭
	抱头梁	廊步架+1檩径		1.4D	1.1D		
	斜抱头梁	正抱头梁加斜		1.4D	1.1D		
	长趴梁	按实计		6~6.5	4.8~5.2		
				1.3~1.5D	1.05~1.2D		
	短趴梁	按实计		4.8~5.2	3.8~4.2		
				1.05~1.2D	0.9~1D		
	抹角梁	按实计		6~6.5	4.8~5.2		
				1.3~1.5D	1.05~1.2D		
	抹角随梁	按实计		4.8~5.2	3.8~4.2		多见于重檐大式碑亭
	多角形趴梁	按实计		6	5		
				1.4D	D		
	井字梁	按进深+梁头2份		6~7	4.8~5.6		用于重檐方亭之一种
				1.5D	1.1D		
	井字随梁	按进深		4~5	3~4.2		
				1~1.2D	0.8~1D		
	太平梁			4.8~5.2	3.8~4.2		
				1.05~1.2D	0.9~1D		
枋类	额枋			5~6	4~4.8		
	小额枋			3.5~4	3~3.2		
	檐枋			D	0.8D		
	金、脊枋			2~4	1.25~3		
				0.4~1D	0.3~0.8D		
	穿插枋	廊步架+2柱径		3.5~4	3~3.2		
				0.8~1D	0.65~0.8D		
桁檩	挑檐桁					3	
	正心桁					4~4.5	
	檐、金桁（檩）					3.5~4.5	
						0.9~1D	
垫板	檐、金垫板	4			1		
		0.8D			0.25D		
	由额垫板	2			1		
角梁	老、仔角梁			4~4.5	3		
				1D	2/3D		
	凹角梁			3	3		
				2/3D	2/3D		

续表

类别	构件名称	长	宽	高	厚	径	备注
椽子	檐椽、花架椽					1.5 / 1/3D	
	飞椽			1.5 / 1/3D	1.5 / 1/3D		
连檐	大连檐		1.8 / 2/5D		1.5 / 1/3D		
	小连檐		1.5 / 1/3D		0.5 / 1/10D		
望板	横望板				0.3 / 1/15D		
	顺望板				0.5 / 1/9D		多用于圆亭
	墩斗	2倍童柱径	2倍童柱径	1倍童柱径			

附表 5　垂花门权衡尺寸表（无斗栱）　　　　　　　（柱径 D）

面宽	14～15D	一般面宽为 3 至 3.3m
柱高	13～14D	柱高指由台明上皮至麻叶抱头梁底皮高度
进深	① 16～17D	在一殿一卷垂花门中，指前檐柱中到后檐柱中尺寸
	② 7～8D	在独立柱垂花门中指前后垂柱中到中尺寸

构件名称	长	宽	高	厚	径	备注
独立柱（中柱）					1～1.3D（见方）	独立柱垂花门
前檐柱			按后檐柱高加举		D（见方）	一殿一卷或单卷棚垂花门
后檐柱					D（见方）	一殿一卷或单卷棚垂花门
钻金柱			按后檐柱高加举		D（见方）	用于单卷棚垂花门
担梁（麻叶抱头梁）	通进深加梁自身高 2 份		1.4D	1.1D		用于独立垂花门
麻叶抱头梁	通进深加前后出头		1.4D	1.1D		
随梁	随进深		0.75D	0.5D		用于麻叶抱头梁之下
麻叶穿插枋	进深加两端出头		0.8D	0.5D		
连笼枋（檐枋）			0.75D	0.4D		
罩面枋			0.75D	0.4D		用于绦环板下，梁思成《算例》称帘笼枋

161

构件名称	长	宽	高	厚	径	备注
折柱		0.3D	0.75D 或酌定	0.3D		
绦环板（花板）			0.75D 或酌定	0.1D		
雀替	1/4 净面宽		0.75D 或酌定	0.3D		
骑马雀替	净垂步长外加榫			0.3D		
垂莲柱	总长 4.5～5D 或 1/3 柱高		柱上身： 柱头：		0.7D 1.1D	长：3～3.25D 长：1.5～1.75D
檐、脊檩、天沟檩	面宽加出梢				0.9D	
脊枋、天沟枋	按面宽		0.4D	0.3D		
燕尾枋	按出梢		按平水	0.25D		
垫板	按面阔		0.8 或 0.64D	0.25D		
前檐随檩枋	按面阔		0.3 檩径	0.25 檩径		
随檩枋下荷叶墩		0.8 檩径	0.7 檩径	0.3 檩径		
月梁	顶步架加出头（2 檩径）		0.8 麻叶抱头梁高	0.8 麻叶抱头梁厚		
角背	檐步架		梁背上皮至脊檩底平	0.4D		用于一殿一卷或独立式垂花门
椽、飞椽			0.35D	0.3D		
博缝板		6～7 椽径		0.8～1 椽径		
滚墩石（抱鼓石）	5/6 进深	1.6～1.8D	1/3 门口净高			用于独立柱垂花门
门枕石	2 倍宽加下槛厚	自身高加二寸	0.7 下槛高			
下槛	按面阔		0.8～1D	0.3D		
中槛	按面阔		0.7D	0.3D		
上槛	按面阔		0.5D	0.3D		
抱框			0.7D	0.3D		
门簪	1/7 门口宽				0.56D	门簪长指簪头长，榫长不含
壶瓶牙子		1/3 自身高	4～5D	0.25D		

参 考 文 献

[1] 马炳坚. 中国古建筑木作营造技术[M]. 2版. 北京：科学出版社，2003.

[2] 刘大可. 中国古建筑瓦石营法[M]. 2版. 北京：中国建筑工业出版社，2015.

[3] 白丽娟，王景福. 古建清代木构造[M]. 2版. 北京：中国建材工业出版社，2014.

[4] 胡姗. 古建筑计算机制图[M]. 北京：中国建材工业出版社，2008.

[5] 李武. 中式建筑制图与测绘[M]. 北京：中国建筑工业出版社，2013.

[6] 张喆，杨其建，王芳. 建筑CAD项目化教程（AutoCAD 2014）[M]. 武汉：华中科技大学出版社，2015.

[7] 谭荣伟，李淼. 建筑结构CAD绘图快速入门[M]. 北京：化学工业出版社，2013.

[8] 中华人民共和国住房和城乡建设部. 房屋建筑制图统一标准（GB/T 50001—2010）[S]. 北京：中国建筑工业出版社，2011.

中国建材工业出版社
China Building Materials Press

我们提供

图书出版、图书广告宣传、企业/个人定向出版、设计业务、企业内刊等外包、
代选代购图书、团体用书、会议、培训，其他深度合作等优质高效服务。

编 辑 部
010-88376510

出版咨询
010-68343948

市场销售
010-68001605

门市销售
010-88386906

邮箱：jccbs-zbs@163.com　　网址：www.jccbs.com.cn

发展出版传媒　　服务经济建设

传播科技进步　　满足社会需求